# 物理実験

九州産業大学

物理実験テキスト編集委員会 編

学術図書出版社

# 実験を始める前に

　物理学は，実験と理論が相補的に関係しあって発展を遂げてきた．諸君が物理学の授業で学んでいる内容は，この意味で実験とは切り離せないものである．この授業では物理学を学ぶにあたって基礎的で重要な実験を取り上げる．

　物理学で用いられている物理量がどのような実験装置を使って，どのように測定されるのかということを目で見て手を動かして実際に体験することや，その結果を実験報告書としてまとめることの難しさや楽しさを知ることは，今後工学部の専門科目を学ぶときのみならず，さらに将来社会に出ても必ずや役立つと確信する．

　できればこの実験を通じて，物理学の楽しさに少しでも触れることができれば幸いである．

## 注　意

(1)　無断で3回欠席した場合，この授業の単位を取得できない．実験割当名簿から抹消され，以後の実験はできない．

(2)　病欠・忌引き等のやむをえない事情で欠席する場合には，下記の連絡先に電話等で速やかに連絡すること．

(3)　実験中は携帯電話のスイッチを切っておくこと．

(4)　実験開始時刻を厳守すること．遅刻をした場合は，実験開始から15分までは遅刻として実験を行うことを認める．それ以降は欠席とし，当日の実験はできない．

(5)　実験室内の器具は持ち出さないこと．

連絡先：　物理実験準備室（9号館3階）　電話　092-673-5822

# 目　　次

# 実験の手順

**1　実験当日までにしておくこと**

1) 実験題目の割当表（9号館3階廊下）により，次回の実験題目を確認する（毎回実験終了時に確認する）．

2) 次回の実験の予習をし，実験予習書を作成する．

教科書の目的，理論，装置，器具，実験方法をA4レポート用紙に要約し，これに実験題目，日時，氏名を記入した表紙（前回実験終了時に持ち帰ったもの）をつける．以降，これを実験予習書と呼ぶ．実験予習書は手書きで作成すること．

| 表紙 実験題目 氏名 日時 | 目的 理論 装置，器具 実験方法 |
|---|---|

3) 前回実験の実験報告書を完成させておく．

実験予習書に，さらに測定結果，検討，感想をまとめたA4のレポート用紙をつけ加え，実験報告書を完成させておく（ホッチキスで左上隅をとめる）．実験予習書と同様，実験報告書も手書きで作成すること．

| 表紙 実験題目 氏名 日時 気温，気圧 | 目的 理論 装置，器具 実験方法 | 測定結果 検討 感想 |
|---|---|---|

**2　実験当日にすること**

1) 実験開始時刻までに実験予習書の表紙に気温，気圧等（測定器具は各実験室入り口に設置）を調べ記入し，受付に実験予習書と前回実験の実験報告書を提出する．実験予習書に受付印をもらい，学生証による出席の登録を行う．実験開始時刻から15分以降は欠席扱いとなり当日の実験はできない．

2) 実験器具を借り出し，所定の場所に行き実験を始める．

3) 実験データを教員に見せて，測定方法に間違いがないかチェックをしてもらう．

4) 実験が終了し受付で表紙に検印を受けたら，後かたづけをして実験器具を返却する．特に，ガス，電気，水道を使用した場合は必ず切っておくこと．

5) 実験割当表により次回の実験題目を確認し，指定の表紙を持ち帰る．

# ＜実験手順のフローチャート＞

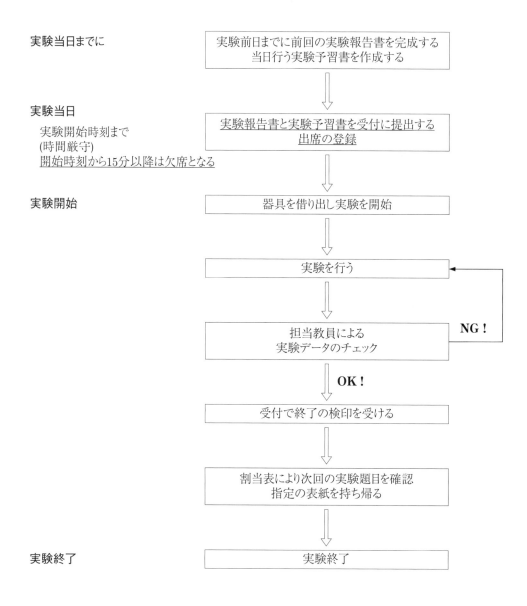

**実験当日までに**
　　　実験前日までに前回の実験報告書を完成する
　　　当日行う実験予習書を作成する

**実験当日**
　実験開始時刻まで
　(時間厳守)
　開始時刻から15分以降は欠席となる
　　　実験報告書と実験予習書を受付に提出する
　　　出席の登録

**実験開始**
　　　器具を借り出し実験を開始

　　　実験を行う

　　　担当教員による
　　　実験データのチェック　　　**NG！**

　　　**OK！**

　　　受付で終了の検印を受ける

　　　割当表により次回の実験題目を確認
　　　指定の表紙を持ち帰る

**実験終了**
　　　実験終了

# 注意事項

1) 3回以上無断欠席した場合，以降の実験はできない．単位取得はできない．（病気などやむをえない事情で欠席する場合は電話番号 092-673-5822 に必ず連絡すること．）

2) 遅刻は実験開始時刻から 15 分までは実験を行うことを認める．それ以降は欠席扱いとする．当日の実験は受けられない．

3) 実験報告書は必ず毎回，次回の実験の受付時に提出すること．未提出が多くなると単位取得はできない．

4) 実験予習書は必ず実験当日に提示すること．予習を忘れると実験報告書の評価が減点される．

5) 実験終了後，後片付けを忘れないこと．特にガス，電気，水道を使用した場合は必ず切っておくこと．また，借り出した器具は，必ず元の所に戻しておくこと．

6) 事故を起こさないよう注意すること．特に，ガスの取扱いに注意し火をつけたまま席を離れないこと．

7) 器具の取扱いに注意すること．器具などの破損が生じた場合は直ちに教員に申し出ること．

8) 実験室では飲食をしないこと．

9) 授業が始まる前に携帯電話の電源を切っておくこと．

# 物理実験室見取り図

9号館3階

## 実験室の概略

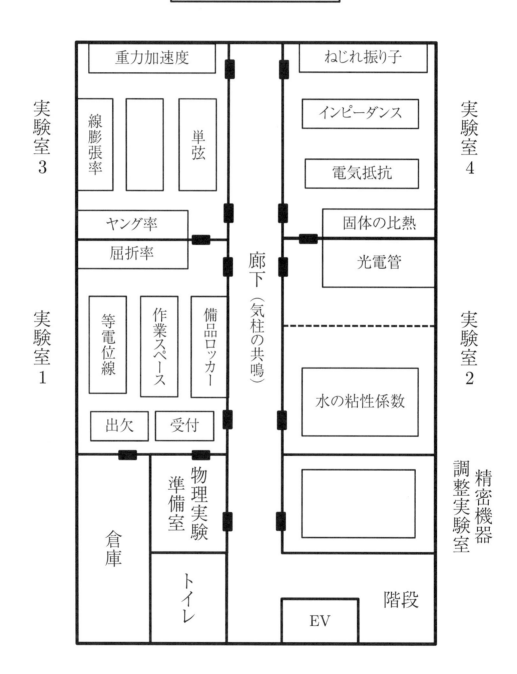

# 誤差論

## 1　誤差と正規分布

　ある量（真値）を $n$ 回測定して得られた測定値を $x_1, x_2, \cdots, x_n$ とする．測定値と真値 $X$ との差を**誤差**という．$i$ 番目の測定値の誤差を $z_i$ とすると

$$z_i = x_i - X$$

とあらわされる．誤差は次のような性質を持つ（誤差の公理）．

---
**誤差の公理**

(1)　絶対値の小さい誤差が現れる確率は，絶対値の大きな誤差が現れる確率より大きい．

(2)　絶対値の等しい正の誤差と負の誤差は等しい確率で現れる．

(3)　絶対値の大きい誤差の現れる確率は非常に小さい．

---

　測定回数 $n$ が十分に大きければ誤差の総和はゼロとみなせるので，

$$\sum_{i=1}^{n} z_i = \sum_{i=1}^{n}(x_i - X) = \sum_{i=1}^{n} x_i - nX \simeq 0 \qquad \therefore \ X \simeq \frac{1}{n}\sum_{i=1}^{n} x_i$$

となる．測定値の算術平均値 $\overline{x} = \dfrac{1}{n}\displaystyle\sum_{i=1}^{n} x_i$ は真値 $X$ にほぼ等しくなり，**最確値**とよばれる．

　また，$n$ が十分に大きければ誤差は連続的に変わる量と考えることができる．誤差が $z$ と $z + dz$ の範囲に現れる確率を $f(z)dz$ と表す．$f(z)$ はガウスによって次のように求められている．

$$f(z) = \frac{h}{\sqrt{\pi}} \exp[-h^2 z^2]$$

このような分布を**ガウス分布**あるいは**正規分布**という．$h$ を**精密度**という．$h$ の値が大きいと分布の幅が狭くなり，$h$ の値が小さいと広くなる（右図参照）．

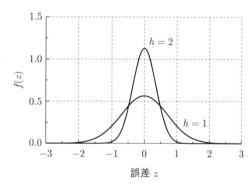

## 2　標準偏差

　誤差の 2 乗平均値の平方根を**標準偏差**という．標準偏差 $\sigma$ は次の式で表される．

$$\sigma = \sqrt{\frac{1}{n}\sum_{i=1}^{n}(x_i - X)^2}$$

$n$ が十分に大きければ，精密度 $h$ と $h = \dfrac{1}{\sqrt{2\sigma^2}}$ という関係がある．

## 3 確率誤差

誤差の目安として確率分布の面積が 50 % になる値 $E$ を用い，**確率誤差**という．

$$\int_{-E}^{E} f(z)\,dz = \int_{-E}^{E} \frac{h}{\sqrt{\pi}} \exp[-h^2 z^2]\,dz = 0.5$$

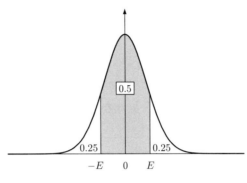

誤差 $z$

確率誤差と標準偏差の間には

$$E = 0.674\sigma$$

という関係がある．係数 0.674 は $n = \infty$ の場合である．$n$ が有限の値のときは，この係数は次表のようになる．

| $n$ | 2 | 3 | 4 | 5 | 6 | 7 | 8 | 9 | 10 |
|---|---|---|---|---|---|---|---|---|---|
| 係数 | 1.00 | 0.816 | 0.765 | 0.741 | 0.727 | 0.718 | 0.711 | 0.706 | 0.703 |

| $n$ | 11 | 12 | 15 | 20 | 30 | 40 | 60 | $\cdots$ | $\infty$ |
|---|---|---|---|---|---|---|---|---|---|
| 係数 | 0.700 | 0.697 | 0.692 | 0.688 | 0.683 | 0.681 | 0.679 | $\cdots$ | 0.674 |

## 4 残差

実際の測定データの整理では，真値の代わりに**最確値**を，誤差の代わりに**残差**を用いる．残差は次のように定義される．

$$\boxed{\text{残差} = \text{測定値} - \text{最確値}}$$

測定値の誤差 $z_i$ と残差 $\varepsilon_i$ の間には次のような関係が成り立つ．

$$\frac{\displaystyle\sum_{i=1}^{n} z_i{}^2}{n} = \frac{\displaystyle\sum_{i=1}^{n} \varepsilon_i{}^2}{n-1}$$

[証明]

真値を $X$, 誤差を $z_i$ とすると

$$z_i = x_i - X = x_i - \overline{x} + (\overline{x} - X) = \varepsilon_i + (\overline{x} - X)$$

$$\sum_{i=1}^{n} z_i{}^2 = \sum_{i=1}^{n} \varepsilon_i{}^2 + 2(\overline{x} - X)\sum_{i=1}^{n}\varepsilon_i + n(\overline{x} - X)^2 \tag{0.1}$$

$n$ が十分大きいと $\displaystyle\sum_{i=1}^{n}\varepsilon_i = 0$.

また,

$$(\overline{x} - X)^2 = \left(\frac{\displaystyle\sum_{i=1}^{n} x_i}{n} - X\right)^2 = \frac{1}{n^2}\left\{\sum_{i=1}^{n}(x_i - X)\right\}^2 = \frac{1}{n^2}\left(\sum_{i=1}^{n} z_i\right)^2$$

$$= \frac{1}{n^2}\left(\sum_{i=1}^{n} z_i{}^2 + \sum_{i\neq j=1}^{n} z_i z_j\right)$$

$n$ が十分に大きいと, $z_i$ は同じ頻度で正と負の値が現れるので $\displaystyle\sum_{i\neq j=1}^{n} z_i z_j = 0$ となる.

ゆえに

$$(\overline{x} - X)^2 = \frac{1}{n^2}\sum_{i=1}^{n} z_i{}^2$$

式 (0.1) に代入して

$$\sum_{i=1}^{n} z_i{}^2 = \sum_{i=1}^{n}\varepsilon_i{}^2 + 0 + \frac{1}{n}\sum_{i=1}^{n} z_i{}^2 \qquad \therefore \frac{\displaystyle\sum_{i=1}^{n} z_i{}^2}{n} = \frac{\displaystyle\sum_{i=1}^{n}\varepsilon_i{}^2}{n-1}$$

すると, 残差を使って標準偏差は

$$\sigma = \sqrt{\frac{\displaystyle\sum_{i=1}^{n}\varepsilon_i{}^2}{n-1}}$$

と表される.

## 5　最確値の確率誤差

最確値 $\overline{x} = \dfrac{1}{n}\displaystyle\sum_{i=1}^{n} x_i$ の誤差を考える. 真値 $X$ との差の 2 乗から

$$\sigma_0{}^2 = (\overline{x} - X)^2 = \frac{\sigma^2}{n} = \frac{\displaystyle\sum_{i=1}^{n}\varepsilon_i{}^2}{n(n-1)} \rightarrow \sigma_0 = \sqrt{\frac{\displaystyle\sum_{i=1}^{n}\varepsilon_i{}^2}{n(n-1)}}$$

として，最確値の標準偏差 $\sigma_0$ が求まる．最確値の確率誤差 $E_0$ は

$$E_0 = 0.674\sigma_0 = 0.674\sqrt{\frac{\displaystyle\sum_{i=1}^{n}\varepsilon_i{}^2}{n(n-1)}}$$

となる．測定結果は $\overline{x} \pm E_0$ (p.e.) と表す．通常 $E_0$ は有効数字 2 桁で表す．確率誤差 probability error を略して (p.e.) と書く．

## 6　誤差の伝播

直接測定値の最確値 $\overline{x}, \overline{y}, \cdots$ から間接測定値の最確値 $\overline{u}$ は $\overline{u} = f(\overline{x}, \overline{y}, \cdots)$ で求められる．$\overline{u}$ の確率誤差 $E_{\overline{u}}$ は

$$E_{\overline{u}} = \sqrt{\left(\frac{\partial u}{\partial x}\right)^2 E_{\overline{x}}{}^2 + \left(\frac{\partial u}{\partial y}\right)^2 E_{\overline{y}}{}^2 + \cdots}$$

より求めることができる．ここで $E_{\overline{x}}, E_{\overline{y}}, \cdots$ は $\overline{x}, \overline{y}, \cdots$ に対する確率誤差である．

### 例：円柱の体積

円柱の体積 $V$ は直径 $d$ と高さ $h$ を使って，

$$V = \frac{\pi}{4}d^2 h$$

と表されるから，$\dfrac{\partial V}{\partial d} = \dfrac{\pi}{2}dh, \dfrac{\partial V}{\partial h} = \dfrac{\pi}{4}d^2$ となる．最確値 $\overline{V}$ の確率誤差 $E_{\overline{V}}$ は

$$E_{\overline{V}} = \sqrt{\left(\frac{\pi}{2}\overline{d}\,\overline{h}\right)^2 E_{\overline{d}}{}^2 + \left(\frac{\pi}{4}\overline{d}^2\right)^2 E_{\overline{h}}{}^2} = \overline{V}\sqrt{4 \cdot \left(\frac{E_{\overline{d}}{}^2}{\overline{d}^2}\right) + \left(\frac{E_{\overline{h}}{}^2}{\overline{h}^2}\right)}$$

となる．

(1)　円柱の直径の測定

| 回数 | 測定値 [mm] | 残差 [mm] | 残差$^2$ [mm$^2$] |
|---|---|---|---|
| 1 | 9.991 | $-0.0008$ | $0.64 \times 10^{-6}$ |
| 2 | 9.993 | $0.0012$ | $1.44 \times 10^{-6}$ |
| 3 | 9.992 | $0.0002$ | $0.04 \times 10^{-6}$ |
| 4 | 9.992 | $0.0002$ | $0.04 \times 10^{-6}$ |
| 5 | 9.991 | $-0.0008$ | $0.64 \times 10^{-6}$ |
| 合計 | 49.959 | 0 | $2.80 \times 10^{-6}$ |
| 平均 | 9.9918 | | |

円柱の直径の最確値は

$$\overline{d} = 9.9918 \text{ [mm]}$$

円柱の直径の最確値の確率誤差は

$$E_{\overline{d}} = 0.741\sqrt{\frac{2.80 \times 10^{-6}}{5(5-1)}} = 2.77 \times 10^{-4} \text{ [mm]}$$

(2) 円柱の高さの測定

| 回数 | 測定値 [mm] | 残差 [mm] | 残差$^2$ [mm$^2$] |
|------|------------|-----------|-------------------|
| 1 | 35.03 | 0.010 | $1.00 \times 10^{-4}$ |
| 2 | 35.02 | 0.00 | 0.00 |
| 3 | 35.00 | $-0.020$ | $4.00 \times 10^{-4}$ |
| 4 | 35.02 | 0.00 | 0.00 |
| 5 | 35.03 | 0.010 | $1.00 \times 10^{-4}$ |
| 合計 | 175.10 | 0 | $6.00 \times 10^{-4}$ |
| 平均 | 35.020 | | |

円柱の高さの最確値は

$$\overline{h} = 35.020 \text{ [mm]}$$

円柱の高さの最確値の確率誤差は

$$E_{\overline{h}} = 0.741\sqrt{\frac{6.00 \times 10^{-4}}{5(5-1)}} = 4.06 \times 10^{-3} \text{ [mm]}$$

(3) 体積の最確値 $\overline{V}$ の計算

$$\overline{V} = \frac{3.14159}{4} \times 9.9918^2 \times 35.020 = 2745.95 \text{ [mm}^3\text{]}$$

(4) $\overline{V}$ の確率誤差の計算

$$E_{\overline{V}} = 2745.95 \times \sqrt{4 \times \frac{(2.77 \times 10^{-4})^2}{9.9918^2} + \frac{(4.06 \times 10^{-3})^2}{35.020^2}} = 0.35 \text{ [mm}^3\text{]}$$

確率誤差は有効
数字 2 桁にする

(5) 結果

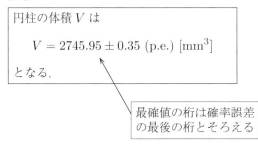

円柱の体積 $V$ は

$$V = 2745.95 \pm 0.35 \text{ (p.e.) [mm}^3\text{]}$$

となる.

最確値の桁は確率誤差
の最後の桁とそろえる

# 最大誤差の見積りと有効数字

## 1　相対誤差

誤差と真値の比を**相対誤差**という．測定値は真値にほぼ等しい値が測定されていると考えられるので，相対誤差は誤差と測定値の比にほぼ等しい．

$$
\begin{aligned}
&誤差 = 測定値 - 真値 \\
&相対誤差 = \frac{誤差}{真値} \simeq \frac{誤差}{測定値}
\end{aligned}
$$

## 2　直接測定における最大誤差の評価

直接測定で考えられる最大誤差を使って測定の最大誤差を見積もることができる．測定器で測定した直接測定値を $x$，真値を $X$，誤差を $\Delta x$，考えられる最大誤差を $\Delta x_{\max}$ とする．通常，最大誤差として測定器の最小目盛の $1/2$ の値を採用する．最小目盛の $1/10$ まで目測した時は，最小目盛の $2/10$ 程度とする．副尺を使った場合は，副尺目盛の 2 目盛分とする．このとき，$|\Delta x| \leq \Delta x_{\max}$ であるから

$$
\frac{|\Delta x|}{|X|} \leq \frac{\Delta x_{\max}}{|X|} \simeq \frac{\Delta x_{\max}}{|x|}
$$

となる．したがって，相対誤差 $\dfrac{|\Delta x|}{|X|}$ の最大値は最大誤差と測定値の比 $\dfrac{\Delta x_{\max}}{|x|}$ で求まる．

## 3　間接測定における最大誤差の評価 (誤差伝播の式)

直接測定値 $x, y, \cdots$ から間接測定値 $u$ が $u = f(x, y, \cdots)$ で求められているとき，$u$ の誤差 $\Delta u$ は

$$
\Delta u = \left| \frac{\partial u}{\partial x} \cdot \Delta x + \frac{\partial y}{\partial y} \cdot \Delta y + \cdots \right| \leq \left| \frac{\partial u}{\partial x} \right| \cdot |\Delta x| + \left| \frac{\partial u}{\partial y} \right| \cdot |\Delta y| + \cdots
$$

$$
\leq \left| \frac{\partial u}{\partial x} \right| \cdot \Delta x_{\max} + \left| \frac{\partial u}{\partial y} \right| \cdot \Delta y_{\max} + \cdots
$$

となる．$\Delta u$ の最大値 $\Delta u_{\max}$ は $\Delta u_{\max} = \left| \dfrac{\partial u}{\partial x} \right| \cdot \Delta x_{\max} + \left| \dfrac{\partial u}{\partial y} \right| \cdot \Delta y_{\max} + \cdots$ だから，間接測定の相対誤差の最大値は，

$$
\frac{\Delta u_{\max}}{|u|} = \left| \frac{1}{u} \cdot \frac{\partial u}{\partial x} \right| \cdot \Delta x_{\max} + \left| \frac{1}{u} \cdot \frac{\partial u}{\partial y} \right| \cdot \Delta y_{\max} + \cdots
$$

となる．

## 4　測定値の計算と有効数字

測定値として意味のある数値を**有効数字**という．位取りの 0 は有効数字ではない．有効数字の計算法は次の通りである．

例：加減算

(A) 　　35.4　　　　　(B)　　35.<u>4</u>　　　　(C)　　35.4
　　　　+17.13　　　　　　　　+17.1<u>3</u>　　　　　　+17.13
　　　　―――――　　　　　　　―――――　　　　　　―――――
　　　　52.53　　　　　　　　　52.<u>53</u>　　　　　　52.5<u>3</u>

　35.4 は小数点以下第 2 位の値は不確かであり，17.13 は小数点以下第 3 位の値が不確かである．不確かさを含む部分のひとつ上の桁に下線を引いて計算してみると，(B) のようになり，小数点以下第 2 位の値が不確かさを含むことがわかる．実際の計算では (C) のように計算し，小数点以下第 2 位を四捨五入する．加減算の場合は末位が最も高い位に計算結果を合わせる．

例：乗除算

　$4.58 \times 0.63$ は普通に計算すると 2.8854 だが，最終桁の数値に下線を引いて 0.63 を和にして計算してみると，$4.58 \times (0.6 + 0.0\underline{3}) = 2.74\underline{8} + 0.\underline{1374} = 2.\underline{8854}$ となる．小数点第 2 位以下が不確かさを含むので，小数点以下第 2 位を四捨五入して 2.9 とする．乗除算の場合は有効数字が最も少ない桁に計算結果を合わせればよい．

円周率 π や物理定数を使って計算するときの有効数字の選び方

　計算する数値の有効数字の桁数に着目し，その最小桁数よりも一桁以上多い桁数の値を使って計算する．

## 5　10 のべき乗表示を使った計算

加減算

　$3.2 \times 10^{-6} + 1.6 \times 10^{-7}$ は，$3.2 \times 10^{-6} + 0.16 \times 10^{-6}$ のように指数部分を同じ表記にして
$$(3.\underline{2} + 0.1\underline{6}) \times 10^{-6} = 3.\underline{36} \times 10^{-6} = 3.\underline{4} \times 10^{-6}$$
と計算する．

乗除算

　$3.2 \times 10^{-6} \times 1.6 \times 10^{-7}$ は，仮数部分と指数部分をまとめて
$$3.2 \times 10^{-6} \times 1.6 \times 10^{-7} = 3.\underline{2} \times 1.\underline{6} \times 10^{-6-7} = 5.\underline{12} \times 10^{-13} = 5.\underline{1} \times 10^{-13}$$
と計算する．

# 単位

　物理量の値は「数値 × 単位」のように表される．物理量の値を知るということは，基準の何倍であるかを測定によって決めることであり，この基準となる物理量を単位という．

　多くの単位をつくるとき基になる単位を基本単位という．基本単位を組み合わせてできる単位を，組立単位または誘導単位という．これをひとまとめにして単位系といっている．力学的な量については，長さ，質量，時間の3種類を基本単位に選んだ単位系が一般に用いられ，絶対単位系と呼ばれている．

## 国際単位系（**SI**）

　長さにメートル [m]，質量にキログラム [kg]，時間に秒 [s] の単位を用いるものは MKS 単位系と呼ばれている．これに電流にアンペア [A]，温度にケルビン [K]，物質量にモル [mol]，光度にカンデラ [cd] を加えて，7つの基本単位を持ったものを国際単位系 (Le Système International d'Unités　略称 SI) といい，これが 1960 年の国際度量衡総会で世界的に使用される単位系として採択されている．SI の基本単位の大きさは，つぎのように定義されている．

## 基本単位

| | |
|---|---|
| 時間 | 秒 (**second, s**) は，$^{133}$Cs 原子の基底状態の2つの超微細準位の間の遷移に対応する放射の 9 192 631 770 周期の継続時間である． |
| 長さ | メートル (**metre, m**) は光が真空中を 1/(299 792 458)s の間に進む距離である． |
| 質量 | 国際キログラム原器の質量を**キログラム (kilogram, kg**) とする． |
| 電流 | アンペア (**ampere, A**) は，真空中に 1 m の間隔で平行に置かれた，無限に小さい断面積を有する，無限に長い2本の直線状導体のそれぞれを流れ，これらの導体の長さ 1 m ごとに $2 \times 10^{-7}$ N の力を及ぼし合う一定の電流である． |
| 温度 | 熱力学温度の単位**ケルビン (kelvin, K**) は水の三重点の熱力学温度の 1/273.16 である．温度間隔にも同じ単位を使う． |
| 物質量 | モル (**mole, mol**) は 0.012 kg の $^{12}$C に含まれる原子と等しい数の構成要素を含む系の物質量である．モルを使用するときは，構成要素を指定しなければならない．構成要素は，原子，分子，イオン，電子その他の粒子またはこの種の粒子の特定の系の集合体であってよい． |
| 光度 | カンデラ (**candela, cd**) は周波数 $540 \times 10^{12}$ Hz の単色放射を放出し所定の方向の放射強度が $1/683$ W $\cdot$ sr$^{-1}$ である光源の，その方向における光度である． |

なお，以前は補助単位として定義されていた平面角のラジアン [rad] と立体角のステラジアン [sr] は，現在では固有の名称をもつ組立単位として組み込まれている．

| 平面角 | ラジアン (**radian, rad**) は円の周上で，その半径の長さに等しい長さの弧を切り取る 2 本の半径の間に含まれる平面角である． |
|---|---|
| 立体角 | ステラジアン (**steradian, sr**) は球の中心を頂点とし，その球の半径を 1 辺とする正方形に等しい面積を球の表面上で切り取る立体角である． |

## CGS 単位系

物理実験において，長さにセンチメートル [cm]，質量にグラム [g]，時間に秒 [s] を用いる CGS 単位系の方が実験しやすいので，測定にはこの単位系を用いる場合が多い．しかし，上述のように国際的には MKS 単位系で表記するのが一般的である．したがって実験結果を出すときには，SI(MKS 単位系) により表記する．

< 参　考 >

時間の単位，長さの単位，質量の単位として，秒，メートル，キログラムは，はじめは次のように定められていた．

| 時間 | 1 秒 (**second, s**) は，太陽が地球を見かけ上 1 周回る時間を 24 分割して「時」，それを 60 分割して「分」，さらにそれを 60 分割した「秒」を用いて定義された．よって，1 日は 86 400 秒である． |
|---|---|
| 長さ | 1 メートル (**metre, m**) は，地球の赤道と北極点とを結ぶ子午線の長さを 1/10 000 000 000 倍した長さとして定義された．よって，地球一周は 4 万 km である． |
| 質量 | 1 キログラム (**kilogram, kg**) は，摂氏 4 度の蒸留水 1 リットルの質量により定義された． |

# 1.　円柱の体積

## 1　目的

　円柱の直径と高さをそれぞれマイクロメーターとキャリパーで測定し，その体積の最確値を求める．

## 2　理論

　円柱（図 1.1）の体積 $V$ は円周率 $\pi$，直径 $d$ と高さ $h$ によって

$$V = \frac{\pi}{4}d^2 h \tag{1.1}$$

と表される．

　直径を $m$ 回測定して $d_1, d_2, \cdots, d_m$ を得たとする．直径の値として最も確からしい値（最確値）は算術平均により

$$\bar{d} = \frac{1}{m}\sum_{i=1}^{m} d_i$$

として求められる．

　同様に，高さを $n$ 回測定して $h_1, h_2, \cdots, h_n$ を得たとすると，高さの最確値は

$$\bar{h} = \frac{1}{n}\sum_{i=1}^{n} h_i$$

である．

　これらの最確値を式 (1.1) に代入すると体積の最確値 $\overline{V}$ が

$$\overline{V} = \frac{\pi}{4}\bar{d}^2\bar{h} \tag{1.2}$$

と求まる．

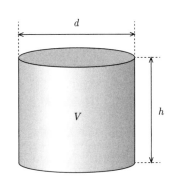

図 1.1

## 3　装置，器具

　円柱試料，キャリパー，マイクロメーター．

## 4　実験方法

1)　円柱の直径 $d$ をマイクロメーターで 5 回測定する．
2)　円柱の高さ $h$ をキャリパーで 5 回測定する．
3)　式 (1.2) より体積の最確値を求める．$\pi$ の値は適当な近似値を使用する．

## 5    測定結果

1)  円柱の直径 $d$ の測定

| 回数 | $d$ [mm] |
|------|----------|
| 1    |          |
| 2    |          |
| 3    |          |
| 4    |          |
| 5    |          |
| 平均 |          |

円柱の直径の最確値 $\overline{d} =$            [mm]

2)  円柱の高さ $h$ の測定

| 回数 | $h$ [mm] |
|------|----------|
| 1    |          |
| 2    |          |
| 3    |          |
| 4    |          |
| 5    |          |
| 平均 |          |

円柱の高さの最確値 $\overline{h} =$            [mm]

円柱の体積の最確値 を次式より求める.

$$\overline{V} = \frac{\pi}{4}\overline{d}^2\overline{h} = \qquad\qquad [\text{mm}^3]$$

## 6    検討

1)  円柱の体積の確率誤差を，以下の方法で求めよ.

円柱の直径，高さに対する確率誤差 $E_{\overline{d}}, E_{\overline{h}}$ を計算し，誤差の伝播の式

$$E_{\overline{V}} = \sqrt{\left(\frac{\partial V}{\partial d}\right)^2 E_{\overline{d}}{}^2 + \left(\frac{\partial V}{\partial h}\right)^2 E_{\overline{h}}{}^2}$$

を使って体積の最確値 $\overline{V}$ の確率誤差 $E_{\overline{V}}$ を計算する.

(1) 円柱の直径の確率誤差 $E_{\overline{d}}$

| 回数 | $d$ [mm] | $d$ の残差 [mm] | $d$ の残差$^2$ [mm$^2$] |
|---|---|---|---|
| 1 | | | |
| 2 | | | |
| 3 | | | |
| 4 | | | |
| 5 | | | |
| 平均 | | 合計 $\sum(d\text{ の残差})^2 =$ | |

円柱の直径の確率誤差（測定が 5 回の場合）

$$E_{\overline{d}} = 0.741\sqrt{\frac{\sum(d\text{ の残差})^2}{5(5-1)}} = \qquad\qquad \text{[mm]}$$

(2) 円柱の高さの確率誤差 $E_{\overline{h}}$

| 回数 | $h$ [mm] | $h$ の残差 [mm] | $h$ の残差$^2$ [mm$^2$] |
|---|---|---|---|
| 1 | | | |
| 2 | | | |
| 3 | | | |
| 4 | | | |
| 5 | | | |
| 平均 | | 合計 $\sum(h\text{ の残差})^2 =$ | |

円柱の高さの確率誤差（測定が 5 回の場合）

$$E_{\overline{h}} = 0.741\sqrt{\frac{\sum(h\text{ の残差})^2}{5(5-1)}} = \qquad\qquad \text{[mm]}$$

よって，確率誤差 $E_{\overline{V}}$ は誤差伝播の式から，次式により求められる．

$$E_{\overline{V}} = \overline{V}\sqrt{4\left(\frac{E_{\overline{d}}^{\,2}}{\overline{d}^{\,2}}\right) + \left(\frac{E_{\overline{h}}^{\,2}}{\overline{h}^{\,2}}\right)} = \qquad\qquad \text{[mm}^3\text{]}$$

体積は，(最確値) $-$ (確率誤差) と (最確値) $+$ (確率誤差) の間にあることになる．この範囲を体積 $V =$ $\qquad\qquad \pm \qquad\qquad$ (p.e.) [mm$^3$] のように表せ．

2) 今回の実験において，体積を計算するのに用いる円周率は何桁以上必要か．

# 2. 重力加速度

## 1 目的

ボルダの振り子を用いて，重力加速度の大きさ $g$ を測定する．

## 2 理論

図 2.1 のように水平な固定軸 O のまわりに質量 $M$ の剛体振り子を振らすとき，その重心 G と固定軸 O との距離を $h$ とすれば，運動方程式は次のようになる．

$$I\frac{d^2\theta}{dt^2} = -Mgh\sin\theta$$

ただし，$I$ は固定軸 O のまわりの剛体振り子の慣性モーメント，$\theta$ は固定軸 O を含む鉛直面と重心 G から固定軸 O におろした垂線のなす角である．

$\theta$ が微小のとき $\sin\theta \simeq \theta$ と近似できるので

$$\frac{d^2\theta}{dt^2} = -\frac{Mgh}{I}\theta$$

となり，単振動を表す式となる．これより周期 $T$ は，

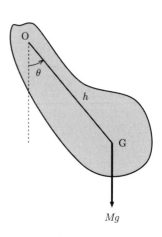

図 2.1

$$T = 2\pi\sqrt{\frac{I}{Mgh}}$$

となる．この式から重力加速度の大きさ $g$ は

$$g = \frac{4\pi^2 I}{T^2 Mh}$$

と求められる．

長さ $l$ の細長い針金に金属球（半径 $r$，質量 $M$）をつるし，振るとき，固定軸のまわりの慣性モーメントは針金の質量を無視すると

$$I = \frac{2}{5}Mr^2 + M(l+r)^2$$

と表される．

これと $h = l + r$ から

$$g = \frac{4\pi^2}{T^2}\left\{l + r + \frac{2r^2}{5(l+r)}\right\}$$

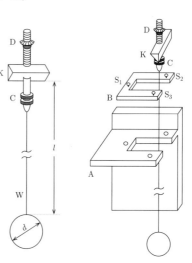

図 2.2

## 3　装置，器具

　ボルダの振り子（金属球，針金，ナイフエッジ，支座），水準器，メジャー，キャリパー，望遠鏡，ストップウォッチ.

## 4　実験方法

1) 支台 A の上に支座 B をのせ，支座 B の上面が水平になるように水準器を用いてネジ $S_1$，$S_2$，$S_3$ を調節する.

2) 支持体のチャックネジ C に，よく伸ばした針金 W をつけて金属球をつるし，ナイフエッジ K を支座 B に載せる.

3) 振り子のナイフエッジから球の上端までの距離 $l$ を，メジャーと望遠鏡を使い 1/10 mm まで 5 回測定し，さらに，球の直径 $d$ をキャリパーで場所を変えて 5 ヶ所測定する.

4) つぎに，振り子を支持体のナイフエッジに直角な鉛直面内で小振動させる.（$l$ が 1 m 程度なら振れの幅を $l/20$ 以内にする. このとき振れの角は 3° 以内となり，微小角近似を使える）

5) 周期の測定は，この実験中，最も注意して行う必要がある. 一人が観測者として望遠鏡をのぞき，ストップウォッチを持つ. 針金 W の像が十字線の交点を同一方向に 10 回通過するたびに，スプリットボタンを押す. 記録者は時間を記録する（1/100 秒まで）. これを 200 回まで測定する.

## 5　測定結果

1) $l$ の測定

| 回数 | $l$ [cm] |
|---|---|
| 1 | |
| 2 | |
| 3 | |
| 4 | |
| 5 | |
| 平均 | |

$$\bar{l} = \qquad [\text{cm}] = \qquad [\text{m}]$$

2)　$d$ の測定（$d = 2r$）

| 回数 | $d$ [mm] |
|---|---|
| 1 | |
| 2 | |
| 3 | |
| 4 | |
| 5 | |
| 平均 | |

$$\bar{r} = \frac{\bar{d}}{2} = \qquad\qquad \text{[mm]} = \qquad\qquad \text{[m]}$$

3)　周期 $T$ の測定

| 回数 $n$ | 時刻 $t_1$ [分：秒] | 回数 $n$ | 時刻 $t_2$ [分：秒] | $t = t_2 - t_1$ [秒] |
|---|---|---|---|---|
| 10 | | 110 | | |
| 20 | | 120 | | |
| 30 | | 130 | | |
| 40 | | 140 | | |
| 50 | | 150 | | |
| 60 | | 160 | | |
| 70 | | 170 | | |
| 80 | | 180 | | |
| 90 | | 190 | | |
| 100 | | 200 | | |
| | | | 平均 $\bar{t}$ | |

$$\bar{T} = \frac{\bar{t}}{100} = \qquad\qquad \text{[s]}$$

重力加速度の大きさ $g$ を次式で計算する.

$$\bar{g} = \frac{4\pi^2}{\bar{T}^2}\left\{\bar{l} + \bar{r} + \frac{2}{5} \times \frac{\bar{r}^2}{(\bar{l} + \bar{r})}\right\} = \qquad\qquad \text{[m/s}^2\text{]}$$

## 6　検討

1)　$g$ の確率誤差 $E_g$ を次式で求めよ.

$$E_{\bar{g}}{}^2 = \left(\frac{\partial g}{\partial T}\right)^2 E_{\bar{T}}{}^2 + \left(\frac{\partial g}{\partial l}\right)^2 E_{\bar{l}}{}^2 + \left(\frac{\partial g}{\partial r}\right)^2 E_{\bar{r}}{}^2$$

$$\simeq \bar{g}^2 \times \left\{\left(\frac{2}{\bar{T}}\right)^2 E_{\bar{T}}{}^2 + \left(\frac{1}{\bar{l} + \bar{r}}\right)^2 E_{\bar{l}}{}^2 + \left(\frac{1}{\bar{l} + \bar{r}}\right)^2 E_{\bar{r}}{}^2\right\}$$

$$E_{\overline{g}} = \overline{g}\sqrt{\left(\frac{2}{\overline{T}}\right)^2 E_{\overline{T}}{}^2 + \left(\frac{1}{\overline{l}+\overline{r}}\right)^2 E_{\overline{l}}{}^2 + \left(\frac{1}{\overline{l}+\overline{r}}\right)^2 E_{\overline{r}}{}^2}$$

(1) $E_{\overline{T}}$ の計算

| 回数 $n$ | 時間 $t = t_2 - t_1$ [秒] | $t$ の残差 [秒] | $(t$ の残差$)^2$ [秒$^2$] |
|---|---|---|---|
| 10 - 110 | | | |
| 20 - 120 | | | |
| 30 - 130 | | | |
| 40 - 140 | | | |
| 50 - 150 | | | |
| 60 - 160 | | | |
| 70 - 170 | | | |
| 80 - 180 | | | |
| 90 - 190 | | | |
| 100 - 200 | | | |
| 平均 | | 合計 $\sum(t$ の残差$)^2 =$ | |

$T$ の確率誤差（測定が 10 回の場合）

$$E_{\overline{T}} = \frac{0.703}{100}\sqrt{\frac{\sum(t \text{ の残差})^2}{10(10-1)}} = \qquad\qquad \text{[s]}$$

(2) $E_{\overline{l}}$ の計算

| 回数 $n$ | $l$ [cm] | $l$ の残差 [cm] | $(l$ の残差$)^2$ [cm$^2$] |
|---|---|---|---|
| 1 | | | |
| 2 | | | |
| 3 | | | |
| 4 | | | |
| 5 | | | |
| 平均 | | 合計 $\sum(l$ の残差$)^2 =$ | |

$l$ の確率誤差（測定が 5 回の場合）

$$E_{\overline{l}} = 0.741\sqrt{\frac{\sum(l \text{ の残差})^2}{5(5-1)}} = \qquad\qquad \text{[cm]} = \qquad\qquad \text{[m]}$$

(3) $E_{\bar{r}}$ の計算

| 回数 $n$ | $d$ [mm] | $d$ の残差 [mm] | $(d$ の残差$)^2$ [mm$^2$] |
|---|---|---|---|
| 1 | | | |
| 2 | | | |
| 3 | | | |
| 4 | | | |
| 5 | | | |
| 平均 | | 合計 $\sum (d \text{ の残差})^2 =$ | |

$r$ の確率誤差（測定が 5 回の場合）

$$E_{\bar{r}} = \frac{0.741}{2} \sqrt{\frac{\sum (d \text{ の残差})^2}{5(5-1)}} = \qquad \text{[mm]} = \qquad \text{[m]}$$

これらの値を用いて次式により $E_g$ を計算する.

$$E_{\bar{g}} = \bar{g} \sqrt{\left(\frac{2}{\bar{T}}\right)^2 E_{\bar{T}}^2 + \left(\frac{1}{\bar{l}+\bar{r}}\right)^2 E_{\bar{l}}^2 + \left(\frac{1}{\bar{l}+\bar{r}}\right)^2 E_{\bar{r}}^2} = \qquad \text{[m/s}^2\text{]}$$

よって求める $g$ の値は,

$$g = \qquad \pm \qquad \text{(p.e.)} \quad \text{[m/s}^2\text{]}$$

のように表される.

2)  実験で求めた値と，付録の値（福岡の値）とを比較し，相対誤差を求めよ.

# 3.　ユーイングの装置によるヤング率

## 1　目的

ユーイングの装置を用いて，金属棒のヤング率 $E$（伸びの弾性率）を測定する．

## 2　理論

長さ $l$，断面積 $S$ の棒に力 $F$ を加えて伸ばすとき，変形が十分に小さければ，単位面積あたりの張力 $F/S$（応力）は単位長さあたりの伸び $\Delta l/l$（歪み）に比例する．これをフックの法則といい，次の式で表される比例定数 $E$ をヤング率という．

$$E = \frac{F/S}{\Delta l/l} \tag{3.1}$$

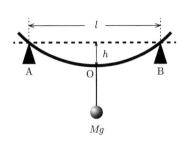

**図 3.1**

図 3.1 および図 3.2 のように，厚さ $a$，幅 $b$ の長方形の断面をもつ試料棒を，$l$ だけ隔たったナイフエッジ A,B の上にのせて水平にし，質量 $M$ のおもりをその中央 O にかける．試料棒の中央の降下量 $h$ が小さいときには，試料棒のヤング率は

$$E = \frac{l^3 Mg}{4a^3 bh} \tag{3.2}$$

で与えられる．ここで $g$ は重力加速度の大きさである．

試料棒の中央の降下量 $h$ を望遠鏡とスケールで測定するには，図 3.2 の G に示すような光てこ（オプチカルレバー：3 本足の小さな台に取り付けた小鏡）を用いる．試料棒の中央に光てこの前支点を置き望遠鏡の視野内にスケールの目盛が明瞭に見えるように調節する．

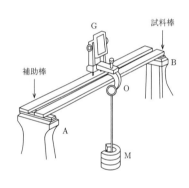

**図 3.2**

光てこ G の回転角を $\theta$ とすると，図 3.3 から

$$\tan 2\theta = \frac{y'-y}{L}$$

回転角 $\theta$ が小さいとき，$\tan 2\theta \simeq 2\theta$ なので，

$$\theta = \frac{y'-y}{2L}$$

となる．試料棒の降下量 $h$ は回転角 $\theta$ と G の前後支点間の間隔 $D$ より

$$h = D\theta = \frac{D|y'-y|}{2L} \tag{3.3}$$

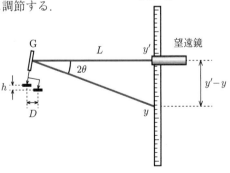

**図 3.3**

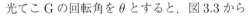

ここに $L$ は鏡とスケールの距離，$|y' - y|$ はおもりによる望遠鏡によるスケールの読みの移動である.

## 3 装置，器具

ユーイングの装置，試料棒（2 本），望遠鏡とスケール，メジャー，キャリパー，マイクロメーター，光てこ（オプチカルレバー）.

## 4 実験方法

1) 平らな紙の上に光てこの支点の痕をつけた後，後支点を結ぶ線に前支点から引いた垂線の長さ $D$ を測る（キャリパーで $1/100\,\mathrm{mm}$ まで）.

2) ユーイング装置のナイフエッジ間の距離 $l$ を 5 回測って（メジャーで $1/100\,\mathrm{cm}$ まで），平均を求める.

3) 試料棒の厚さ $a$（マイクロメーターで $1/1000\,\mathrm{mm}$ まで），幅 $b$（キャリパーで $1/100\,\mathrm{mm}$ まで）をそれぞれ 5 回測って平均を求める.

4) 水平な二つのナイフエッジの上に補助棒（鉄）と試料棒を並べて置き，試料棒を手前に置く．試料棒の中点におもりを乗せる台をとりつける．その台の位置に鏡の前脚を，後脚は補助棒（鉄）の上に鏡の回転軸が棒に平行になるようにして，また鏡の面はおおよそ鉛直になるように置く.

5) 鏡の前方 $1.5\,\mathrm{m}$ くらいの位置に望遠鏡とスケールを置き，望遠鏡の視野の中にスケールの像が映るように，鏡の向き，望遠鏡の位置および向きを調整する．この調整は望遠鏡の近くから鏡を目で見て，鏡の中にスケールの像が見えるように，まず鏡の向きを調整する．次に望遠鏡とスケールを一緒に少し移動させて目の位置にもってくる．次に望遠鏡をのぞき筒の長さを調整して明瞭にスケールの目盛が見えるようにする.

6) 鏡の面とスケールの距離 $L$ を測定する（メジャーで $1/100\,\mathrm{cm}$ まで）.

7) おもりを台にのせない状態で，望遠鏡の十字線に一致したスケールの目盛 $y'$ を読む（$1/10\,\mathrm{mm}$ まで）．スケールの目盛が赤色の時は数値にマイナス（－）の符号をつける．次に，おもりを 1 個だけ台にのせて目盛を読み，$M = 200\,\mathrm{g}$ の荷重の測定値とする．同じ重さのおもりを 1 個ずつ追加し，スケールの目盛を読んでいく．5 個のおもりをのせたら，今度はおもりを 1 個ずつ減らし，スケールの目盛を読んでいく.

8) 表を整理して式 (3.3) よりおもり $600\,\mathrm{g}$ の重さに対する試料棒中央部の平均降下量 $h$ を求める.

9) 式 (3.2) に測定値を代入してヤング率 $E$ を求める.

10) もう一方の試料棒について実験し，ヤング率 $E$ を求める.

## 5　測定結果

光てこの両脚間隔 $D =$ 　　　　　　　　　　　　[mm]

ユーイング装置のナイフエッジ間の距離 $l$

|  | $l$ [cm] |
|---|---|
| 1 |  |
| 2 |  |
| 3 |  |
| 4 |  |
| 5 |  |
| 平均 | [cm] |
|  | = 　　　　[m] |

＜試料棒 1＞

鏡とスケールとの距離 $L =$ 　　　　　　　[cm] = 　　　　　　　　[mm]

試料棒の厚み $a$ と幅 $b$

|  | $a$ [mm] | $b$ [mm] |
|---|---|---|
| 1 |  |  |
| 2 |  |  |
| 3 |  |  |
| 4 |  |  |
| 5 |  |  |
| 平均 | [mm] | [mm] |
|  | = 　　[m] | = 　　[m] |

スケールの目盛 $y$

(1)　荷重を増加する

| $M$ [g] | $y'$ [mm] | $M$ [g] | $y$ [mm] | $y' - y$ [mm] |
|---|---|---|---|---|
| 0 |  | 600 |  |  |
| 200 |  | 800 |  |  |
| 400 |  | 1000 |  |  |
|  |  |  | 平均 |  |

(2)　荷重を減少する

| $M$ [g] | $y$ [mm] | $M$ [g] | $y'$ [mm] | $y' - y$ [mm] |
|---|---|---|---|---|
| 1000 |  | 400 |  |  |
| 800 |  | 200 |  |  |
| 600 |  | 0 |  |  |
|  |  |  | 平均 |  |

荷重 $M = 600\,\mathrm{g} = 0.600\,\mathrm{kg}$ に対し，$|y' - y|$ の増加と減少における平均を $\Delta y$ とすれば

$$\Delta y = \frac{1}{2}\left\{(荷重増加の\ |y'-y|\ の平均値) + (荷重減少の\ |y-y'|\ の平均値)\right\}$$

$$= \qquad\qquad [\mathrm{mm}]$$

これを用いて，試料棒中央部の平均降下量 $h$ は式 (3.3) から次のようになる．

$$h = \frac{D \cdot \Delta y}{2L} = \qquad\qquad [\mathrm{mm}] = \qquad\qquad [\mathrm{m}]$$

ヤング率 $E$ は式 (3.2) に代入して次のように求まる．

$$E = \frac{l^3 Mg}{4a^3 bh} = \qquad\qquad [\mathrm{N/m^2}]$$

ただし，重力加速度の大きさは福岡での値 $9.79629\,\mathrm{m/s^2}$ とする．

＜試料棒 2＞

鏡とスケールとの距離 $L = \qquad\qquad [\mathrm{cm}] = \qquad\qquad [\mathrm{mm}]$

試料棒の厚み $a$ と幅 $b$

|  | $a$ [mm] | $b$ [mm] |
|---|---|---|
| 1 |  |  |
| 2 |  |  |
| 3 |  |  |
| 4 |  |  |
| 5 |  |  |
| 平均 | [mm] | [mm] |
| | = [m] | = [m] |

スケールの目盛 $y$

(1) 荷重を増加する

| $M$ [g] | $y'$ [mm] | $M$ [g] | $y$ [mm] | $y' - y$ [mm] |
|---|---|---|---|---|
| 0 |  | 600 |  |  |
| 200 |  | 800 |  |  |
| 400 |  | 1000 |  |  |
|  |  |  | 平均 |  |

(2) 荷重を減少する

| $M$ [g] | $y$ [mm] | $M$ [g] | $y'$ [mm] | $y' - y$ [mm] |
|---|---|---|---|---|
| 1000 |  | 400 |  |  |
| 800 |  | 200 |  |  |
| 600 |  | 0 |  |  |
|  |  |  | 平均 |  |

荷重 $M = 600\,\mathrm{g} = 0.600\,\mathrm{kg}$ に対し，$|y' - y|$ の増加と減少における平均を $\Delta y$ とすれば

$$\Delta y = \frac{1}{2}\left\{(荷重増加の\ |y' - y|\ の平均値) + (荷重減少の\ |y - y'|\ の平均値)\right\}$$

$$= \qquad\qquad\qquad [\mathrm{mm}]$$

これを用いて，試料棒中央部の平均降下量 $h$ は式 (3.3) から次のようになる．

$$h = \frac{D \cdot \Delta y}{2L} = \qquad\qquad [\mathrm{mm}] = \qquad\qquad [\mathrm{m}]$$

ヤング率 $E$ は式 (3.2) に代入して次のように求まる．

$$E = \frac{l^3 Mg}{4a^3 bh} = \qquad\qquad [\mathrm{N/m^2}]$$

## 6　検討

1) 2つの試料棒について，荷重によるスケールの読みの変化量の大きさ $|y(M) - y(0)|$ を求めよ．

スケールの読みの変化量の大きさ（$M = 0\,\mathrm{g}$ の読みを基準 $0\,\mathrm{mm}$ とする）

| 荷重 $M$ [g] | 試料棒 1（増加） $|y(M) - y(0)|$ [mm] | 試料棒 1（減少） $|y(M) - y(0)|$ [mm] | 試料棒 2（増加） $|y(M) - y(0)|$ [mm] | 試料棒 2（減少） $|y(M) - y(0)|$ [mm] |
|---|---|---|---|---|
| 0 | 0 | 0 | 0 | 0 |
| 200 | | | | |
| 400 | | | | |
| 600 | | | | |
| 800 | | | | |
| 1000 | | | | |

次に，表を参考に荷重とスケールの読みの変化量の関係を，荷重の増加および減少ともに，グラフに描き，フックの法則が成り立っているかどうかを調べよ．

2) 得られたヤング率の値を，付録の表の値と比較し，相対誤差を求めよ．

# 4. ねじれ振り子による剛性率

## 1 目的

ねじれ振り子の周期を測定して，針金の剛性率 $n$ を求める．

## 2 理論

上端が固定された針金（長さ $l$，直径 $a$）の下端が角度 $\theta$ だけねじれている状態について考える．針金の内部に図 4.1 のような半径 $r$，厚さ $dr$ の円筒管を考える．この円筒管の上面と下面は $r\theta$ ずれているので，ひずみは $r\theta/l$ となる．底面に働くずれ応力（接線応力）$f$ とひずみは比例するので，比例定数を $n$ とすると，

$$f = n\frac{r\theta}{l}$$

と表される．この比例定数 $n$ を剛性率という．円筒管に作用するねじれの力のモーメント $dL$ は

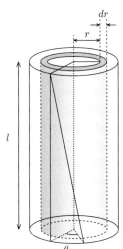

図 4.1

$$dL = r \times (f \cdot 2\pi r\, dr) = \frac{2\pi n\theta}{l}r^3 dr$$

となる．針金の底面全体に作用する力のモーメントは

$$L = \frac{2\pi n\theta}{l}\int_0^{a/2} r^3 dr = \frac{\pi n a^4}{32l}\theta$$

となる．

下端が角度 $\theta$ だけねじれている状態で，下端に慣性モーメント $I$ の剛体をつるすと剛体には力のモーメント $L$ が加わるので，剛体はねじれ振動を行なう．剛体のねじれ振動の運動方程式は

$$I\frac{d^2\theta}{dt^2} = -\frac{\pi n a^4}{32l}\theta$$

となる．角度 $\theta$ の時間変化は単振動になるので，単振動の周期 $T$ は

$$T = 2\pi\sqrt{\frac{32lI}{\pi n a^4}}$$

となる．周期 $T$，針金の長さ $l$ と直径 $a$，剛体の慣性モーメント $I$ を測定すると針金の剛性率 $n$ を求めることができる．

$$n = \frac{128\pi l I}{a^4 T^2}$$

慣性モーメントを容易に計算できる物体を直接針金につるすことはできないのでつり手が必要となる．ところが，つり手の慣性モーメント $I_0$ の測定は困難なので，次のようにして $I_0$ の効果を除去する．図 4.2 のように水平に円環をつるした時の円環の慣性モーメントを $I_1$ とすると，つり手と円環を合わせた慣性モーメントは $I_0 + I_1$ となる．図 4.3 のように鉛直に円環をつるした時の円環の慣性モーメントを $I_2$ とすると全体の慣性モーメントは $I_0 + I_2$ である．

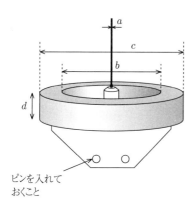

図 4.2

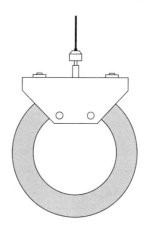

図 4.3

それぞれの場合の周期を $T_1$, $T_2$ とすれば,

$$T_1{}^2 = \frac{128\pi l(I_0 + I_1)}{na^4}, \quad T_2{}^2 = \frac{128\pi l(I_0 + I_2)}{na^4}$$

となる. この 2 つの式から $I_0$ を消去して

$$n = \frac{128\pi l}{a^4} \cdot \frac{I_1 - I_2}{T_1{}^2 - T_2{}^2}$$

円環の質量 $M$, 内直径 $b$, 外直径 $c$, 厚さ $d$ とすれば

$$I_1 = M\left(\frac{b^2 + c^2}{8}\right), \quad I_2 = M\left(\frac{b^2 + c^2}{16} + \frac{d^2}{12}\right)$$

$$\therefore \quad I_1 - I_2 = M\left(\frac{b^2 + c^2}{16} - \frac{d^2}{12}\right)$$

これらの式から

$$n = \frac{8\pi lM}{3a^4} \cdot \frac{3b^2 + 3c^2 - 4d^2}{T_1{}^2 - T_2{}^2}$$

## 3　装置, 器具

　ねじれ振り子, 望遠鏡, ストップウォッチ, マイクロメーター, キャリパー, メジャー, 電子天秤.

## 4　実験方法

1) おもりを図 4.2 のようにつけ, 静止位置から約 90° ねじって放し, ねじれ振動をさせる.

2) 周期 $T_1$ を測定するには, 一人が観測者として望遠鏡をのぞきストップウォッチを持つ. 回転するおもりの印を確かめる. 同一方向からくるおもりの印が望遠鏡の十字線を通過する回数を数え, 10 回目ごとにスプリットボタンを押す. 80 回目で測定を終了し, 10 回目ごとのスプリット時間を記録する (1/100 秒まで).

3) おもりを図 4.3 のようにつけ, 周期 $T_2$ を測定する (1/100 秒まで).

4) 針金の長さ $l$ をメジャーで 5 回測定する（1/10 mm まで）.

5) 針金の直径 $a$ をマイクロメーターで，場所をかえて 10 回測定する（1/1000 mm まで）.

6) $b, c, d$ をキャリパーで，場所をかえてそれぞれ 5 回測定する（1/100 mm まで）.

7) おもりの質量 $M$ を電子天秤で測る.

## 5 測定結果

1) $T_1$ の測定

| 回数 | 時刻 $t_1$ [分：秒] | 回数 | 時刻 $t_2$ [分：秒] | $t = t_2 - t_1$ [秒] |
|------|------|------|------|------|
| 10 | | 50 | | |
| 20 | | 60 | | |
| 30 | | 70 | | |
| 40 | | 80 | | |
| | | | 平均 $\bar{t} =$ | |

$$T_1 = \frac{\bar{t}}{40} = \qquad \text{[s]}$$

2) $T_2$ の測定

| 回数 | 時刻 $t_1'$ [分：秒] | 回数 | 時刻 $t_2'$ [分：秒] | $t' = t_2' - t_1'$ [秒] |
|------|------|------|------|------|
| 10 | | 50 | | |
| 20 | | 60 | | |
| 30 | | 70 | | |
| 40 | | 80 | | |
| | | | 平均 $\bar{t}' =$ | |

$$T_2 = \frac{\bar{t}'}{40} = \qquad \text{[s]}$$

3) $a$ の測定

| 回数 | $a$ [mm] |
|---|---|
| 1 | |
| 2 | |
| 3 | |
| 4 | |
| 5 | |
| 6 | |
| 7 | |
| 8 | |
| 9 | |
| 10 | |
| 平均 | |

単位を mm から m に直すと $a =$ 　　　　　　　　[m]

4) $b, c, d, l$ の測定

| 回数 | $b$ [mm] | $c$ [mm] | $d$ [mm] | $l$ [cm] |
|---|---|---|---|---|
| 1 | | | | |
| 2 | | | | |
| 3 | | | | |
| 4 | | | | |
| 5 | | | | |
| 平均 | | | | |
| | [m] | [m] | [m] | [m] |

5) $M$ の測定

$$M = \qquad \text{[g]} = \qquad \text{[kg]}$$

6) 剛性率 $n$ の計算

これらの値を用いて剛性率 $n$ を計算する.

$$8\pi l M = \qquad\qquad\qquad \text{[kg·m]}$$
$$3b^2 + 3c^2 - 4d^2 = \qquad\qquad \text{[m}^2\text{]}$$
$$3a^4 = \qquad\qquad\qquad \text{[m}^4\text{]}$$
$$T_1{}^2 - T_2{}^2 = \qquad\qquad\qquad \text{[s}^2\text{]}$$
$$n = \frac{8\pi l M}{3a^4} \cdot \frac{3b^2 + 3c^2 - 4d^2}{T_1{}^2 - T_2{}^2} = \qquad\qquad \text{[N/m}^2\text{]}$$

# 6　検討

実験で得られた剛性率の値を, 付録の表と比較し, 相対誤差を求めよ.

# 5.　液体の粘性係数

## 1　目的

ハーゲン・ポアズイユの法則を用いて水の粘性係数 $\eta$ を測定する.

## 2　理論

図 5.1 のように $z = 0$ に壁面があり，流体が $x$ 軸の
正の方向に流れ，各部の速さが $z$ とともに増し，層をな
して流れているものとする. $z$ 軸に垂直な境界面をとる
とき，その上部は下部より速く流れる. この面を通して
上部は下部を引張り，下部は上部を引きとめようとする
力を，たがいに及ぼしあう. この力が粘性の力である.
境界面の面積 $S$ にはたらく粘性力を $F$ とすると，単位
面積あたりの粘性力は $f = F/S$（せん断応力という）
とかけ，$z$ 方向の速度勾配 $dv/dz$ に比例する.

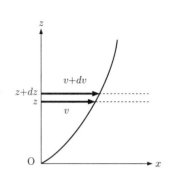

**図 5.1**

比例定数を $\eta$ とすれば

$$f = \eta \frac{dv}{dz}$$

となる. この $\eta$ を粘性係数という.

粘性係数 $\eta$ の流体が半径 $a$，長さ $l$
の細い管内を，ゆるやかに流れる場合
を考えよう. 一定時間たつと流れは定
常流になる（図5.2）. この管内に半径
$r$ の円柱を考える. 円柱内の流体には
左右の圧力 $p_1$ および $p_2$ の差 $p_1 - p_2$
による力と円柱の側面に粘性力がはた
らく. 定常流では，これらの力はつり
合っているので次式が得られる.

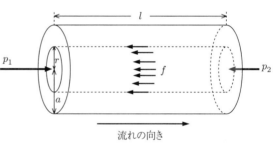

**図 5.2**

$$\pi r^2 (p_1 - p_2) + \eta (2\pi r l) \frac{dv}{dr} = 0$$

これを積分して

$$v = -\left( \frac{p_1 - p_2}{4l\eta} \right) r^2 + C$$

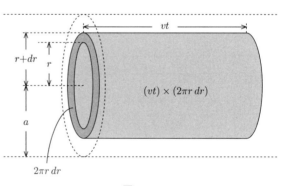

**図 5.3**

$r = a$ において $v = 0$ を満たすように積分定数 $C$ を選ぶと，次式が得られる.

$$v = \frac{p_1 - p_2}{4l\eta} (a^2 - r^2)$$

図 5.3 のように，半径 $r$ と $r + dr$ の間の面積 $2\pi r\, dr$ の円環部分を通って，時間 $t$ の間に流

れる流体の体積は，$(vt) \times (2\pi r\,dr)$ である．したがって，$t$ 秒間にこの管を通って流れる流体の体積を $V$ とすれば

$$V = \int_0^a vt \cdot 2\pi r\,dr = \frac{\pi t(p_1 - p_2)}{2l\eta} \int_0^a r(a^2 - r^2)\,dr$$

$$= \frac{\pi t(p_1 - p_2)}{2l\eta} \left[ \frac{a^2 r^2}{2} - \frac{r^4}{4} \right]_0^a$$

$$= \frac{\pi t(p_1 - p_2)a^4}{8l\eta}$$

ゆえに粘性係数 $\eta$ は

$$\eta = \frac{\pi t(p_1 - p_2)a^4}{8lV}$$

で与えられる．これをハーゲン・ポアズイユの法則という．上式より半径 $a$，長さ $l$ の毛細管を圧力差 $p_1 - p_2$ のもとで時間 $t$ の間に流れる流体の体積 $V$ を測定して粘性係数 $\eta$ を求めることができる．

## 3　装置，器具

大きい水槽，毛細管，鏡尺度，ビーカー，温度計，時計，メジャー，電子天秤．

## 4　実験方法

1) 図 5.4 のように取り付けられている毛細管の長さ $l$ をメジャーで測定する（0.01 cm まで）．

2) 水槽内の温度計で水温 $\theta_1$ を測定する（0.1℃ まで）．毛細管に水を流す前に，鏡尺度により，水面の位置 $h_S$ と毛細管の口端の中心 A までの位置 $h_A$ を測定し，$h_1 = h_A - h_S$ を求める（0.01 cm まで）．

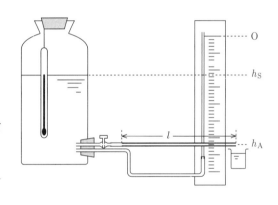

図 5.4

3) 測定用ビーカー（100 mL）の質量 $m_0$ を，電子天秤で測定する．

4) コックを開き毛細管に水を流して，予備用ビーカーで受ける．ストップウォッチを押すと同時に測定用ビーカーと取りかえる．$t = 80$ 秒後，水の入った測定用ビーカーと予備用ビーカーを取り替える．その後測定用ビーカーの質量 $m_1$ を測定する．さらに 80 秒間水を追加して，再び質量 $m_2$ を測定する．この操作を数回繰り返し 240 秒間に流れた水の平均質量 $m$ を求める．実験は水を流したままで行うこと．コックを閉じて水流を止めてはいけない．

5) 上の 4) の実験終了後直ちに水槽内の水温 $\theta_2$，水面の位置 $h_F$ を測定し，$h_2 = h_A - h_F$ を計算する．$\theta_1$ と $\theta_2$，$h_1$ と $h_2$ の平均をそれぞれ $\theta, h$ とする．

6) 水温 $\theta$ における水の密度を $\rho$ とすれば $p_1 - p_2 = \rho g h$ となり,

$$\eta = \frac{\pi t(p_1 - p_2)a^4}{8lV} = \frac{\pi t \rho^2 g h a^4}{8lm}$$

が得られる. この式で粘性係数 $\eta$ を計算する.

## 5  測定結果

| | | | |
|---|---|---|---|
| 毛細管の長さ | | $l =$ [cm] $=$ | [m] |
| 毛細管の半径 (毛細管に記載) | | $a =$ [cm] $=$ | [m] |
| 水温 | 実験開始時 | $\theta_1 =$ | [°C] |
| | 実験終了時 | $\theta_2 =$ | [°C] |
| | 平均 | $\theta = \dfrac{\theta_1 + \theta_2}{2} =$ | [°C] |
| 水の密度 (付録より) | | $\rho =$ | [kg/m$^3$] |
| 毛細管の中心の高さ | | $h_A =$ | [cm] |
| 水槽水面の高さ | 実験開始時 | $h_S =$ | [cm] |
| | 実験終了時 | $h_F =$ | [cm] |
| 毛細管の中心から | 実験開始時 | $h_1 = h_A - h_S =$ | [cm] |
| 水面までの高さ | 実験終了時 | $h_2 = h_A - h_F =$ | [cm] |
| | 平均 | $h = \dfrac{h_1 + h_2}{2} =$ | [cm] |
| | | $=$ | [m] |

質量の測定

| | | |
|---|---|---|
| ビーカーのみ | $m_0 =$ | [g] |
| 80 秒後 | $m_1 =$ | [g] |
| 160 秒後 | $m_2 =$ | [g] |
| 240 秒後 | $m_3 =$ | [g] |
| 320 秒後 | $m_4 =$ | [g] |
| 400 秒後 | $m_5 =$ | [g] |

240 秒間に流れた水の質量は

$$m_3 - m_0 = \qquad \text{[g]}$$
$$m_4 - m_1 = \qquad \text{[g]}$$
$$m_5 - m_2 = \qquad \text{[g]}$$
$$\text{平均 } m = \qquad \text{[g]} = \qquad \text{[kg]}$$

となる. 次式の $t$ には 240 秒を代入する.

$$\eta = \frac{\pi t \rho^2 g h a^4}{8lm} = \qquad \qquad \text{[kg/(m · s)]}$$

## 6　検討

1) 毛細管を流れる水の平均流出速度 $\bar{v} = \dfrac{V}{\pi a^2 t} = \dfrac{\rho g h a^2}{8 l \eta}$ を求めよ．また，粘性がない場合にベルヌーイの定理より求められる流出速度 $v = \sqrt{2gh}$ と比べてみよ．

2) レイノルズ数 $\mathrm{Re} = D\rho\bar{v}/\eta$ を求め，毛細管を流れる水が層流か乱流かを検討せよ．ここで，$D$ は毛細管の直径 $2a$ である．

3) 水の粘性係数が温度によりどのように変化するかを確かめるため，付録をみて温度との関係をグラフに描いてみよ．また，このグラフに今回の実験で求めた測定値を描き入れよ．

### ＜参考＞

**レイノルズ数** (Reynolds number)

　レイノルズ数とは，慣性力と粘性力との比で定義される無次元数である．

$$\text{レイノルズ数 } \mathrm{Re} = \frac{慣性力}{粘性力} = \frac{特性長さ \times 特性速度}{(粘性係数/密度)}$$

流体力学分野，特に粘性流体を扱う場合において，流れの相似則が成り立つかどうかなどの性質を調べるために利用される．イギリスの物理学者・技術者オズボーン・レイノルズ (Osborne Reynolds) が定義した．

　レイノルズ数が小さいということは相対的に粘性作用が強い流れということになり，逆にレイノルズ数が大きいということは相対的に慣性作用が強い流れということになる．また，乱流と層流を区別する指標としても用いられるが，明確な区別はない．

　一般に円管内を流れる流体の場合は大体，レイノルズ数と流れの関係は

| | |
|---|---|
| 2,000 程度以下 | 層流 |
| 2,000〜4,000 程度 | 遷移領域（層流，乱流が変化する領域） |
| 4,000 程度以上 | 乱流 |

とされている．

　一様流中の平板表面では，レイノルズ数が 400,000 以下で層流領域，500,000 程度で遷移し，それ以上で乱流に発達する．

# 6. 単 弦

## 1 目的

音さの振動による単弦の共振現象から，音さの振動数を求める．

## 2 理論

図 6.1 に示したように，両端を固定した弦
の中央をはじくと，弦の両端を節とする定常
波ができる．これは，振動によって生じた波
が弦の両端で反射して，互いに逆向きに進む
波となり，干渉を繰り返すからである．この
波形は左右どちらにも移動せず，$x$ 軸に垂直
な方向への弦の変位 $u(x,t)$ は常に 0 のとこ

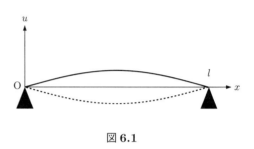

図 **6.1**

ろと，振動の激しいところが交互に並ぶ．弦のような 1 次元の媒質を伝わる波の変位は，以下
のような波動方程式に従う．

$$\frac{\partial^2 u(x,t)}{\partial t^2} = v^2 \frac{\partial^2 u(x,t)}{\partial x^2} \tag{6.1}$$

ここで，$v$ は波の速さである．$x$ は弦の位置，$t$ は時間，$u(x,t)$ は $x$ 軸に垂直な方向への弦の
変位を表す．上式の一般解は，任意の関数 $f, g$ を使って以下のように表される．

$$u(x,t) = f(x - vt) + g(x + vt) \tag{6.2}$$

両端が固定された長さ $l$，線密度 $\sigma$ の弦に張力 $T$ を加えてこれをはじくと $v = \sqrt{T/\sigma}$ の速さで
横波が伝わる．波は弦の端に到達するたびに反射されるが，固定端では位相が $\pi$ だけずれる．
そのようにして多重反射された波は，波長 $\lambda$ の定常波を生じる．図 6.1 の左端 $x = 0$ が固定さ
れているから，弦全体が 1 つの振動数で正弦的に振動するような波動方程式の解は，以下のよ
うな式で表される．

$$u(x,t) = A \sin\left(\frac{2\pi x}{\lambda}\right) \sin(2\pi \nu t) \tag{6.3}$$

ここで，$A$ は振幅，$\nu$ は振動数である．更に，弦は右
端 $x = l$ が固定されているから，$\sin(2\pi l/\lambda) = 0$
という境界条件を満たさなければならない．した
がって，次の条件を満たす場合に定常波となる．

$$\lambda_n = \frac{2l}{n} \quad (n = 1, 2, 3, \cdots) \tag{6.4}$$

この時の定常波の様子が図 6.2 に示されている．
図の上から順に，基本振動，2 倍振動，3 倍振動
といい，波の関係式 $v = \lambda\nu$ （$\lambda$: 波長，$\nu$: 振動
数）を用いると，それらの振動数は，

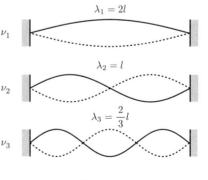

図 **6.2**

$$\nu_1 = \frac{v}{\lambda_1} = \frac{1}{2l}\sqrt{\frac{T}{\sigma}} \tag{6.5}$$

$$\nu_2 = \frac{v}{\lambda_2} = \frac{1}{l}\sqrt{\frac{T}{\sigma}} \tag{6.6}$$

$$\nu_3 = \frac{v}{\lambda_3} = \frac{3}{2l}\sqrt{\frac{T}{\sigma}} \tag{6.7}$$

である．この実験では，音さの振動と弦の基本振動が共振する弦の長さ $l$ を測定して，基本振動の波長 $\lambda_1 = 2l$ を求め，式 (6.5) から音さの振動数 $\nu$ を得る．

## 3　装置，器具

　モノコード，メジャー，電子天秤，おもり，音さ，ゴム頭つち，弦．

## 4　実験方法

1) 最初，別に用意されている同じ材料の弦の長さ $L$
   （0.01 cm まで）と質量 $m$ をそれぞれメジャーと
   電子天秤で測定し，線密度 $\sigma = m/L$ を求める．
   次に，図 6.3 のような装置を用いて音さの振動数
   を測定する手順を述べる．

2) まず弦を C に固定して，琴柱 A と B そして滑
   車 D を通しておもりをかける．

3) 基本振動の共振点の見当をつけるために AB 間
   を狭くしておいて段々間隔を拡げながら，弦を
   はじいて生ずる音の高さが，ほぼ音さの音の高

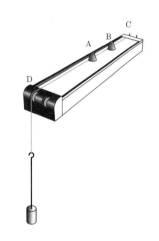

図 **6.3**

さに等しくなるような間隔を求める．次に，弦 AB 中間に小紙片をつけておき，音さをたたいて柄をモノコードに接触させる．共振点になると紙片が激しく振動して弦から離れる．この共振点における AB 間の長さ $l$ をスケールで 1/10 mm まで測る．

4) 張力 $T$ がおもりによる重力 $Mg$ に等しいので，音さに共振する弦の基本振動数 $\nu_1$ すなわち求める音さの振動数 $\nu$ は，測定した波長 $\lambda$ と線密度 $\sigma$ から式 (6.5) より

$$\nu = \nu_1 = \frac{1}{\lambda}\sqrt{\frac{T}{\sigma}} = \frac{1}{\lambda}\sqrt{\frac{Mg}{\sigma}} \tag{6.8}$$

と求まる．ただし $M$ はおもりの質量，$g$ は測定地（福岡）の重力加速度である．

## 5    測定結果

別に用意された同じ弦の線密度の測定（電子天秤を使用）

$$L = \qquad\qquad [\text{cm}] = \qquad\qquad [\text{m}]$$

$$m = \qquad\qquad [\text{g}] = \qquad\qquad [\text{kg}]$$

$$\sigma = \frac{m}{L} = \qquad\qquad [\text{kg/m}]$$

| おもり の個数 | $M$ [kg] おもりの質量 | $l$ [m] （おもりの増加） | $l'$ [m] （おもりの減少） | $\lambda = l + l'$ [m] | $\nu$ [Hz] |
|---|---|---|---|---|---|
| 1 | | | | | |
| 2 | | | | | |
| 3 | | | | | |
| 4 | | | | | |
| 5 | | | | | |
| | | | | 平均 $\nu =$ | |

したがって，音さの振動数は $\nu = \qquad\qquad$ [Hz] となる.

## 6    検討

1)  振動数 $\nu$ の確率誤差を求め，$\nu$ の平均値の有効数字を検討せよ.

| おもり の個数 | $\nu$ [Hz] | $\nu$ の残差 $\varepsilon_i$ | $(\nu$ の残差$)^2$ $\varepsilon_i{}^2$ |
|---|---|---|---|
| 1 | | | |
| 2 | | | |
| 3 | | | |
| 4 | | | |
| 5 | | | |
| 平均 | | (合計) $\sum(\varepsilon_i)^2 =$ | |

$\nu$ の確率誤差（回数が 5 回の場合）

$$E_\nu = 0.741\sqrt{\frac{\sum(\varepsilon_i)^2}{5(5-1)}} = \qquad\qquad [\text{Hz}]$$

この結果，音さの振動数は $\nu = \qquad\qquad \pm \qquad\qquad$ (p.e.) [Hz] となる.

2)  マイクロホンと周波数計を用いて音さの振動数を測定し，単弦の共振現象から求めた振動数と比較し，相対誤差を求めよ.

# 7.　気柱の共鳴

## 1　目的

　音さと共鳴する気柱の長さを測定し，空気中の音速を求める．

## 2　理論

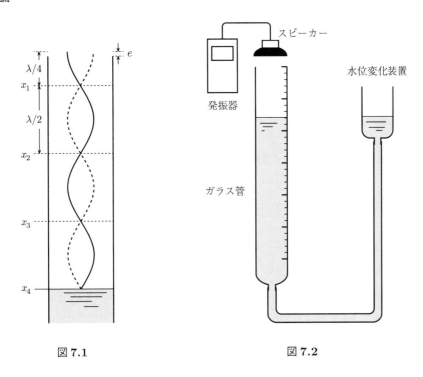

図 **7.1**　　　　　　　　　　　図 **7.2**

　一端を閉じた管内の空気は，その管内に入る音波の波長が適当であればこれに共鳴し，開口端に近いところが腹に，閉端が節になる定常波ができる．波長 $\lambda$ の音波が長さ $L$ の気柱で共鳴したとすれば，

$$L = \frac{2n-1}{4}\lambda \quad (n = 1, 2, 3, \cdots) \tag{7.1}$$

の関係がある．

　これにより隣り合う節間または腹間の距離は，$\lambda/2$ となることがわかる．振動数 $\nu$ が既知のとき，音速 $V$ は，

$$V = \lambda\nu \tag{7.2}$$

の関係から決めることができる．

　気体（または液体）中の縦波の速さ $V$ は，体積弾性率を $k$，密度を $\rho$ とすると，

$$V = \sqrt{\frac{k}{\rho}} \tag{7.3}$$

と表される．音波による空気の密度変化は十分速いので断熱変化であり，単位質量の空気の体

積を $\tau$ とすれば

$$p\tau^{\gamma} = 一定 \tag{7.4}$$

という関係が成立する．ここで $\gamma$ は比熱比で，定圧比熱と定積比熱の比である．式 (7.4) より求まる $k = -\tau\dfrac{dp}{d\tau} = \gamma p$ の関係を式 (7.3) に代入すると，

$$V = \sqrt{\frac{\gamma p}{\rho}} \tag{7.5}$$

が得られる．気温を $t$ [°C]，大気圧を $p$ [Pa]，飽和水蒸気圧を $p_{\mathrm{w}}$ [Pa] とすれば，この空気内の音速 $V$ [m/s] は 0°C における乾燥空気内の音速 $V_0$ [m/s] に比べて，次式のような関係を持つ．

$$V = V_0(1 + 0.00183t)\left(1 + \frac{3p_{\mathrm{w}}}{16p}\right) \quad [\mathrm{m/s}] \tag{7.6}$$

## 3　装置，器具

共鳴用ガラス管，水位変化装置，発振器，スピーカー，キャリパー，デジタル温度計．

## 4　実験方法

実験装置を図 7.2 に示す．

1) 共鳴装置に適量の水を入れる．
2) 気柱管内の温度をデジタル温度計で実験の前後に測定し，平均する．
3) スピーカーを発振器に接続する．スピーカーをガラス管の口に乗せる．
4) 発振器の電源を入れ，周波数を 850 Hz に設定する．音量を微かに聞こえる程度に調整する．
5) 水面を管口の近くからゆっくり下げていき，音が強く聞こえる共鳴点を探す．共鳴点付近で，水面を上げ下げしながら，最大の共鳴音の聞こえる位置をガラス管のスケールで読み取って $x_1$ とする（1/10 mm まで）．
6) さらに水面を下げながら，同様にして $x_2, x_3, x_4$ の共鳴点を見つける．
7) この実験においては，音さの振動数 $\nu$ と等しい振動数の定常波が気柱に生じたことになりその波長は，

$$\lambda_1 = \overline{x}_3 - \overline{x}_1$$
$$\lambda_2 = \overline{x}_4 - \overline{x}_2$$
$$\lambda = (\lambda_1 + \lambda_2)/2$$

のように，平均することにより得られる．

① これを用いて，気柱内の音速は，$V = \lambda\nu$ により求められる．

② 気柱内は水面に接しているため，管内の空気中の水蒸気は飽和していると考えられる．付録から気柱管内の温度 $t$ [°C] における飽和水蒸気圧 $p_{\mathrm{w}}$ [Pa] と大気圧 $p$ [Pa] がわかれば，0 °C の乾燥空気中の音速は式 (7.6) から，

$$V_0 \simeq V(1 - 0.00183t)\left(1 - \frac{3p_{\mathrm{w}}}{16p}\right)$$

$$\simeq V\left(1 - 0.00183t - \frac{3p_{\mathrm{w}}}{16p}\right) \quad [\mathrm{m/s}] \tag{7.7}$$

と表される.

③ 管内の水面は定常波の節になり，管の開放口は腹になるが，厳密には開放口と腹の位置は一致しない. そのはみ出した距離 $e$ は，

$$e = \frac{\lambda}{4} - \overline{x}_1$$

となる. 管の内径 $2r$ を使い，口端補正を $e/r$ とすると $0.55 \sim 0.85$ 程度である.

## 5 測定結果

共鳴点の位置

| 回数 | $x_1$ [cm] | $x_2$ [cm] | $x_3$ [cm] | $x_4$ [cm] |
|---|---|---|---|---|
| 1 | | | | |
| 2 | | | | |
| 3 | | | | |
| 4 | | | | |
| 5 | | | | |
| 6 | | | | |
| 平均 | $\overline{x}_1 =$ | $\overline{x}_2 =$ | $\overline{x}_3 =$ | $\overline{x}_4 =$ |

| | |
|---|---|
| 定常波の波長 | $\lambda_1 = \overline{x}_3 - \overline{x}_1 =$ [cm] = [m] |
| | $\lambda_2 = \overline{x}_4 - \overline{x}_2 =$ [cm] = [m] |
| | $\lambda = \dfrac{\lambda_1 + \lambda_2}{2} =$ [m] |
| 振動数 | $\nu =$ [Hz] |
| 気柱管内の温度　実験開始時 | $t_1 =$ [°C] |
| 　　　　　　　　実験終了時 | $t_2 =$ [°C] |
| 　　　　　　　　平均 | $t = \dfrac{t_1 + t_2}{2} =$ [°C] |
| ① 気柱内の音速 | $V = \lambda\nu =$ [m/s] |
| ② $t$ °Cにおける飽和水蒸気圧 | $p_{\mathrm{w}} =$ [Pa] |
| 　　大気圧 | $p =$ [hPa] = [Pa] |
| ③ 管の内径 | $2r =$ [mm] = [m] |

0°Cにおける乾燥空気中の音速

$$V_0 \simeq V\left(1 - 0.00183t - \frac{3p_{\mathrm{w}}}{16p}\right) = \qquad [\mathrm{m/s}]$$

## 6 検討

1) 0°C の乾燥空気中の音速は，331.45 m/s である．求めた音速と比較し，相対誤差を求めよ．

2) 口端補正を次式より求めよ．

$$\frac{e}{r} = \frac{\lambda - 4\overline{x}_1}{4r} =$$

# 8. 固体の比熱

## 1 目的

水熱量計を用いて，混合法で固体の比熱 $c$ を測定する．

## 2 理論

ある物質 1 g の温度を，1°C 上昇させるのに要する熱量がその物質の比熱である．たとえば水の比熱 $c_w$ は，25°C において 4.179 J/(g·K) である．

水熱量計は断熱材で包んだ銅製の容器と，その中に銅製のかきまぜ棒と温度計がはいるようにしてあり，外部とほとんど熱が出入りしないように作られている．また，容器，かきまぜ棒および温度計の温度を 1°C 上昇させるのに要する熱量は，質量 $w$ の水の温度を 1°C 上昇させる熱量に等しいとするとき，この $w$ を水熱量計の定数として扱い，水当量という（デジタル温度計の熱容量は小さいとして無視する）．

質量 $m$ の測定試料を，温度 $\theta_2$ に加熱したあと，直ちに温度 $\theta_1$ で質量 $m_1$ の水が入った水熱量計の中に投入し，水をかきまぜて一様になったときの温度を $\theta$ とする．試料の比熱を $c$ とするとこの物質の失った熱量は，質量 $m_1$ の水および水当量 $w$ の水熱量計の得た熱量に等しい（熱量保存の法則）．よって，次式が成り立つ．

$$mc(\theta_2 - \theta) = (m_1 + w)c_w(\theta - \theta_1)$$

この式を試料の比熱 について解くと次式が求まる．

$$c = \frac{(m_1 + w)c_w(\theta - \theta_1)}{m(\theta_2 - \theta)} = \frac{4.179(m_1 + w)(\theta - \theta_1)}{m(\theta_2 - \theta)} \tag{8.1}$$

## 3 装置，器具

銅製水熱量計，銅製かきまぜ棒（メッキされている），温度計，デジタル温度計，加熱装置（ガスバーナー），電子天秤（0.001 g まで測れるもの），棒，試料（アルミニウム，鉄）．

## 4 実験方法

1) ビーカーに半分くらいの水を入れて加熱する．

2) 試料の質量 $m$ を，電子天秤で測定する．秤量後試料に糸をつけて棒を通し，デジタル温度計とともに加熱しているビーカーの中につりさげる．試料が完全に水中に入っていないときは，水を足す．

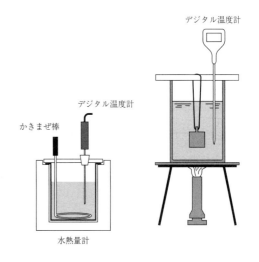

図 8.1

3) 水熱量計の銅製容器の質量 $m_0$ を測定する.

4) 銅製容器に 2/3 くらいの水を入れて全質量 $M$ を測定する.

5) 水熱量計に入れた水の質量を, $m_1 = M - m_0$ のように計算して求める.

6) 銅製のかきまぜ棒を水熱量計の蓋から外し, つまみは外したままで質量 $m_0'$ を測定する.

7) 水熱量計の水当量を次式から求める.

$$w = (m_0 + m_0') \times 0.0921$$

ここで, 0.0921 は 25°C での銅の比熱 0.3847 J/(g·K) を水の比熱 4.179 J/(g·K) で割ったものである.

8) ビーカーの中の水が沸騰し始めてから, しばらくたったのち, 水温すなわち高温試料の温度 $\theta_2$ [°C] を測定する. これに合わせて, 水熱量計の水温 $\theta_1$ [°C] を測定する.

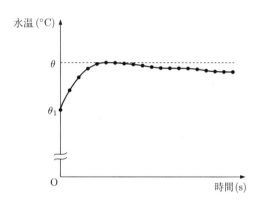

9) 加熱されている試料を手早く水熱量計の水中へ移し, よくかきまぜながら 10 秒ごとに水熱量計の水温を読み取る. 温度変化は図 8.2 のような曲線を描くことを踏まえて, 最高温度 $\theta$ を読み取る.

図 8.2

10) 式 (8.1) から試料の比熱を求める.

11) もう一方の試料についても同様に測定し比熱を求める.

## 5 測定結果

< 試料 1>

| 試料の質量 | | $m =$ | [g] |
|---|---|---|---|
| 水熱量計 | 銅製容器の質量 | $m_0 =$ | [g] |
| | 銅製かきまぜ棒の質量 | $m_0' =$ | [g] |
| | 水を入れたときの銅製容器の質量 | $M =$ | [g] |
| 水の質量 | | $m_1 = M - m_0 =$ | [g] |
| 水熱量計の水当量 | | $w = (m_0 + m_0') \times 0.0921 =$ | [g] |
| 高温試料の温度 | | $\theta_2 =$ | [°C] |
| 水温 | 実験開始時 | $\theta_1 =$ | [°C] |
| | 最高温度 | $\theta =$ | [°C] |

水温変化

| 時間 [秒] | 0 | 10 | 20 | 30 | 40 | 50 | 60 | 70 | 80 |
|---|---|---|---|---|---|---|---|---|---|
| 温度 [°C] | | | | | | | | | |
| 90 | 100 | 110 | 120 | 130 | 140 | 150 | 160 | 170 | 180 |
| | | | | | | | | | |

$$\text{比熱}\quad c = \frac{4.179(m_1 + w)(\theta - \theta_1)}{m(\theta_2 - \theta)} = \qquad [\text{J}/(\text{g}\cdot\text{K})]$$

< 試料 2 >

| 試料の質量 | | $m =$ | [g] |
|---|---|---|---|
| 水熱量計　　銅製容器の質量 | | $m_0 =$ | [g] |
| 　　　　　　銅製かきまぜ棒の質量 | | $m_0' =$ | [g] |
| 　　　　　　水を入れたときの銅製容器の質量 | | $M =$ | [g] |
| 水の質量 | | $m_1 = M - m_0 =$ | [g] |
| 水熱量計の水当量 | | $w = (m_0 + m_0') \times 0.0921 =$ | [g] |
| 高温試料の温度 | | $\theta_2 =$ | [°C] |
| 水温　　　　実験開始時 | | $\theta_1 =$ | [°C] |
| 　　　　　　最高温度 | | $\theta =$ | [°C] |

水温変化

| 時間 [秒] | 0 | 10 | 20 | 30 | 40 | 50 | 60 | 70 | 80 |
|---|---|---|---|---|---|---|---|---|---|
| 温度 [°C] | | | | | | | | | |
| 90 | 100 | 110 | 120 | 130 | 140 | 150 | 160 | 170 | 180 |
| | | | | | | | | | |

$$\text{比熱}\quad c = \frac{4.179(m_1 + w)(\theta - \theta_1)}{m(\theta_2 - \theta)} = \qquad [\text{J}/(\text{g}\cdot\text{K})]$$

## 6　検討

1) 求めた比熱を付録の表の値と比較し，相対誤差を求めよ．

2) 試料 1 と試料 2 について，水熱量計の水温の時間変化をグラフに描け（図 8.2 参照）．

# 9. 固体の線膨張率

## 1 目的

金属棒を加熱して，そのときの伸びを測り，線膨張率を求める．

## 2 理論

一般に固体は温度の上昇とともに長さと体積が増す．ある温度で長さが $l$ の棒が，温度が $\Delta T$ 上昇して長さが $\Delta l$ 伸びると，長さの変化の割合は

$$\alpha = \frac{\Delta l}{l \Delta T} \tag{9.1}$$

で表される．この $\alpha$ を線膨張率という．

温度が $0\,^\circ\mathrm{C} \sim 100\,^\circ\mathrm{C}$ くらいの挟い範囲で変化するときは，線膨張率はほぼ一定とみなすことが出来る．温度 $T_1, T_2$ における長さをそれぞれ $l_1, l_2$ とすると $\Delta l = l_2 - l_1$，$\Delta T = T_2 - T_1$ となる．

$$\therefore \quad \alpha = \frac{l_2 - l_1}{l_1(T_2 - T_1)} \tag{9.2}$$

## 3 装置

蒸気発生器，試料棒加熱器，デジタル温度計，光てこ（オプチカルレバー），メジャー，試料棒（アルミニウム，銅），望遠鏡とスケール，キャリパー．

## 4 実験方法

1) 図 9.1 のようにまわりを断熱材で巻いた金属円筒を鉛直にたてる．この金属円筒に上方から水蒸気を円筒内に送り込み，試料棒を加熱するようになっている．内部の温度は上下に挿入された 2 本の温度計の示度 $T_u, T_d$ を読んで求める．

2) 試料棒を 1 種選び，室温における試料棒の長さ $l$ を測る（0.01 cm まで）．断面が平面で切れている方を上にして金属円筒の中に鉛直に差し込む．上下 2 本の温度

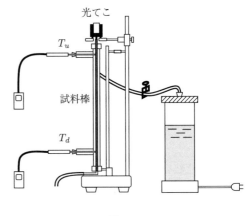

光てこ

$T_u$

試料棒

$T_d$

図 9.1

計の示度 $T_u, T_d$ を読みその平均値を円筒内温度 $T_0$ とする．

3) 光てこの両脚（前が 1 脚，うしろが 2 脚）の間隔 $D$ は，3 脚を平らな紙の上に押し当てて跡をつけ，紙に生じた 3 脚の跡から二等辺三角形を作図し，キャリパーで二等辺三角形の高さを測って求める（0.01 mm まで）．金属円筒の上部にあるスタンドに固定した台の上に，光てこの後ろの 2 脚をのせ，測定しようとする試料棒の上に前の 1 脚をのせ，鏡の中

に映る鉛直スケールの像が望遠鏡の視野にはっきり写るように調整する．十字線に一致するスケールの目盛 $x_1$ を読む．スケールの目盛が赤色のときは数値にマイナス $(-)$ の符号をつける．このとき目盛 $x_1$ と鏡を結ぶ線がスケールにほぼ垂直になるようにあらかじめ調整しておく．鏡とスケールの距離 $L$ を測る（0.01 cm まで）．

4) 上の口に接続したゴム管に水蒸気を送り込んで，試料棒を加熱する．しばらくして上下 2 本の温度計の示度が一定になったときの値 $T_u, T_d$ を読み平均値を求めて試料棒の温度 $T$ とする．このとき望遠鏡の十字線に一致したスケールの目盛 $x_2$ を読む．

5) 鏡の回転角を $\theta$ とすると図 9.2 により

$$\tan 2\theta = \frac{x_2 - x_1}{L}$$

鏡の回転角は小さいので，$\tan 2\theta \simeq 2\theta$ と近似できる．すると，

$$\theta = \frac{x_2 - x_1}{2L}$$

と表される．試料棒の伸び $\Delta l$ は鏡の回転角 $\theta$ と光てこの前後の脚の間隔 $D$ より

$$\Delta l = D\theta = \frac{D(x_2 - x_1)}{2L}$$

試料棒の線膨張率 $\alpha$ はつぎの式で計算される．

$$\alpha = \frac{\Delta l}{l \Delta T} = \frac{D(x_2 - x_1)}{2Ll(T_2 - T_1)}$$

6) もう一方の試料棒についても同様に行う．

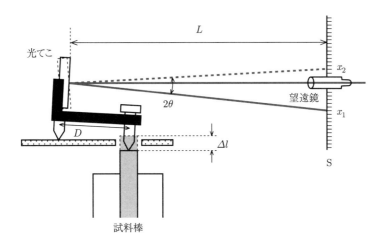

図 9.2

## 5   測定結果

光てこの両脚間隔    $D =$ 　　　　　　　　 [mm] = 　　　　　　　　 [cm]

＜試料棒1＞

鏡とスケールSとの距離    $L =$ 　　　　　 [cm]

試料棒の長さ        $l =$ 　　　　　 [cm]

|  | 加熱前 | | 加熱後 | | 差 | |
|---|---|---|---|---|---|---|
| スケールの目盛 | $x_1 =$ | [mm] | $x_2 =$ | [mm] | $x_2 - x_1 =$ | [mm] |
|  |  |  |  |  | $=$ | [cm] |
| 試料棒の温度 | $T_u =$ | [°C] | $T_u' =$ | [°C] |  |  |
|  | $T_d =$ | [°C] | $T_d' =$ | [°C] |  |  |
|  | 平均 $T_0 =$ | [°C] | 平均 $T =$ | [°C] | $T - T_0 =$ | [°C] |

線膨張率    $\alpha = \dfrac{D(x_2 - x_1)}{2Ll(T - T_0)} =$ 　　　　　 [1/K]

＜試料棒2＞

鏡MとスケールSとの距離    $L =$ 　　　　　 [cm]

試料棒の長さ        $l =$ 　　　　　 [cm]

|  | 加熱前 | | 加熱後 | | 差 | |
|---|---|---|---|---|---|---|
| スケールの目盛 | $x_1 =$ | [mm] | $x_2 =$ | [mm] | $x_2 - x_1 =$ | [mm] |
|  |  |  |  |  | $=$ | [cm] |
| 試料棒の温度 | $T_u =$ | [°C] | $T_u' =$ | [°C] |  |  |
|  | $T_d =$ | [°C] | $T_d' =$ | [°C] |  |  |
|  | 平均 $T_0 =$ | [°C] | 平均 $T =$ | [°C] | $T - T_0 =$ | [°C] |

線膨張率    $\alpha = \dfrac{D(x_2 - x_1)}{2Ll(T - T_0)} =$ 　　　　　 [1/K]

## 6   検討

1)   得られた $\alpha$ の値と付録の表の値を比較し，相対誤差を求めよ.

2)   線膨張率 $\alpha$ と体膨張率 $\beta$ の間の関係式を導け.

＜参考＞

ある温度で体積が $V$ の固体が，温度が $\Delta T$ 上昇したときに体積が $\Delta V$ 変化したとする. 体膨張率 $\beta$ は，$\beta = \dfrac{1}{V}\dfrac{\Delta V}{\Delta T}$ で定義される. 一様な物質でできた立方体の体積 は辺の長さ $l$ の3乗で表される. 線膨張率がほぼ一定とみなされる温度範囲では，温度 $T_1$ と $T_2$ での長さが $l_1, l_2$，体積が $V_1, V_2$ であったとすると，長さの変化量は $\Delta l = \alpha l_1 \Delta T$ と表されるので，$l_2 = l_1 + \Delta l = l_1 + \alpha l_1 \Delta T$ となる. したがって，体積の変化量 $\Delta V$ は

$$\Delta V = V_2 - V_1 = l_2{}^3 - l_1{}^3 = (l_1 + \alpha l_1 \Delta T)^3 - l_1{}^3 = l_1{}^3\left\{(1 + \alpha\Delta T)^3 - 1\right\} \simeq l_1{}^3 3\alpha\Delta T$$

となる.

# 10. 等電位線

## 1 目的

金属箔に電流を流し，箔上の等電位線を求め電流線を描き，電流の流れを調べる.

## 2 理論

導体に定常電流を流し，導体内のすべての点の電位 $V$ を求めたとする．その中で同じ電位を持つ点を連ねると1つの面ができる．これを等電位面という．平面の場合は等電位線となる.

電荷 $q$ を電場 $\vec{E}$ の中で，微小変位 $d\vec{s}$ だけ（図 10.1）動かすときの電荷 $q$ になされる仕事 $dW$ は，$d\vec{s}$ 間の電位差を $V_2 - V_1$ とすれば，

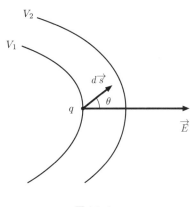

図 10.1

$$dW = q\vec{E} \cdot d\vec{s} = q(V_2 - V_1)$$

となり，$\vec{E}$ と $d\vec{s}$ の角を $\theta$ とすれば，$q\vec{E} \cdot d\vec{s} = qE\,ds\cos\theta$ となる．ここで，等電位線に沿って微小変位 $d\vec{s}$ だけ（図 10.2）電荷 $q$ を動かしたとすると，電位の変化は零であるので仕事は，

$$dW = qE\,ds\cos\theta = 0$$

となり，もし $E \neq 0$ ならば $\theta = 90°$ で，電場 $\vec{E}$ と等電位線は直交する．一方，電流を電流密度ベクトル $\vec{i}$ で表すと，電気伝導率（比抵抗の逆数）を $\sigma$ として，オームの法則より，

$$\vec{i} = \sigma\vec{E}$$

である.

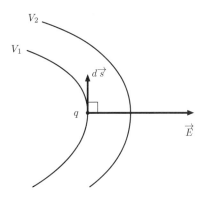

図 10.2

このため，電場 $\vec{E}$ の方向は電流密度 $\vec{i}$ の方向と一致し，電流の方向は等電位線に直交する．このような性質があるから，等電位線がわかれば，電流線をこれに垂直に交わるように引き，電流の流れの状態をほぼ知ることができる．等電位線はちょうど地図で使う等高線のようなものである．電位の高低を数字で示すよりも，等電位線を引けば電位の高低は正確にわかる.

## 3 装置，器具

直流電源，ゴム板，アルミ箔，デジタルマルチメーター（DMM），紙，ワッシャ.

## 4　実験方法

1) B4 の白紙と，それよりも少し小さくカッ
   トしたアルミ箔（穴が切り抜かれたもの）
   を用意する．まず，電極のねじを外した
   ゴム板の上に B4 の紙をおく．

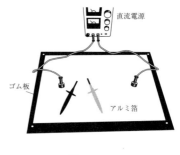

図 10.3

2) 電極の位置で紙を上から軽く指で押し，
   ワッシャを利用して紙に穴を開ける．
   ワッシャを取り外して，アルミ箔を紙に
   重ね，電極の位置に同様に穴をあける．
   ワッシャをはずし，ねじでしっかりと締め，固定する（アルミ箔が破れないように注意す
   ること）．

3) 図 10.3 のように配線し，直流電源の電流調整つまみを調節し，1 A の電流を流す．

4) 図 10.4 のデジタルマルチメーター（DMM）のつまみを回し，「mV」に設定する（AC 〜
   表示になっているときは，**SELECT** ボタンを押して DC ⎓ 表示にする）．

5) 測定ピン X と Y の先端を各々アルミ箔上の正負電極から 1 cm 離れた位置に接触させ電
   圧を読み，その読みの 1/10 を $V_0$ とする．測定ピン X と Y を軽く押しつけて圧痕をつけ，
   その位置を $X_0$, $Y_{10}$ とする．

6) 次に，電位の基準となる点を設定する．切り抜かれた穴を避けるような，$X_0$ と $Y_{10}$ を結
   ぶ曲線を考える．$X_0$ に測定ピン X を置いた状態で，測定ピン Y を，その曲線上で $X_0$ か
   ら $Y_{10}$ の方へ移動させ，電圧 $V_0$ と同じ電圧になる位置を探し出す．その場所にピンを軽
   く押して圧痕をつけ，$Y_1$ とする．次に，測定ピン Y を，さらに $Y_{10}$ の方へと曲線上で
   移動させて，電圧の読みが $V_0$ の 2 倍になる点を見つける．その場所を $Y_2$ とする．同様
   にして，$V_0$ の 3 倍，4 倍，$\cdots$，9 倍になる位置を見つけて，圧痕をつける．これらの 9 点
   $Y_1 \sim Y_9$ に，$X_0$ と $Y_{10}$ を加えた 11 点を電位の基準とする（図 10.5 参照）．

7) 6) で求めた基準の位置と等電位になる位置を探す．例えば，$Y_2$ と等電位になる位置を探
   すには，図 10.5 のように，測定ピン X を $Y_2$ に固定する．その状態で測定ピン Y を移動
   させ，電圧の読みが 0 V になる位置を探し，圧痕をつける．このような場所を数点求め

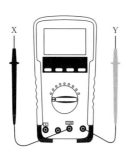

図 10.4

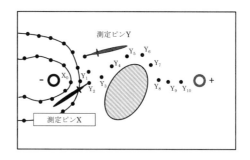

図 10.5

る．これを，6) で求めた各基準点に対して行うことで，基準の位置と等電位になる位置を求める．

< 注意 >

等電位線は切り抜いた線に直交するはずであり，このことを念頭において実験を進めるべきである．また，アルミ箔の切り口と縁は鉛筆で線を引きはっきり示しておき，電極の近くおよび切り口付近は注意して描く．

8) アルミ箔の縁の部分を鉛筆で下の紙に書いた後，アルミ箔をとり，図 10.6 のように紙上の圧痕をつなげて，等電位線を描く．さらに，描いた等電位線を基に，電流線を 4〜5 本描く．

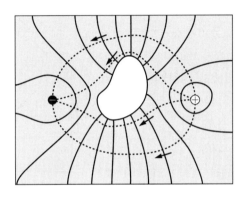

図 10.6

## 5　検討

1) 穴が切り抜かれていない場合，図 10.7 のような等電位線が得られる．しかし，穴が切り抜かれている場合は，図 10.6 のように，等電位線が密な部分と疎の部分が出てくる．これはどういうことを意味するのか考えよ．

2) アルミ箔の切り口に対して等電位線は直角に，電流線は平行になっている．その理由を述べよ．

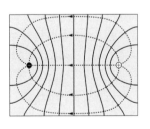

図 10.7

# 11. 電気抵抗

## 1 目的

金属細線の電気抵抗を，ホイートストンブリッジを用いて測定し，その材質の比抵抗 $\rho$ を求める.

## 2 理論

測るべき抵抗 X（抵抗値 $R_X$）と 3 つの既知の抵抗 A,B,S（抵抗値 $R_A, R_B, R_S$），電池 E，検流計 G を図 11.1 のように配線し，スイッチ $K_1$, $K_2$ を閉じて検流計 G を流れる電流 $i_g$ が 0 になった時，すなわち a と b の電位が等しくなったとき，図 11.1 のように抵抗 A,X を流れる電流 $i_1$，抵抗 B,S を流れる電流を $i_2$ とすると

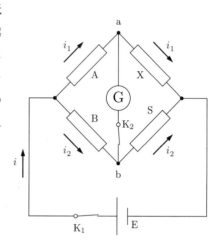

$$i_1 R_A = i_2 R_B$$
$$i_1 R_X = i_2 R_S$$

が成立する．この 2 式から電流 $i_1, i_2$ を消去すれば，次の関係が成り立つ.

$$\frac{R_A}{R_B} = \frac{R_X}{R_S}$$

**図 11.1**

従って，未知抵抗は $R_X = \dfrac{R_A}{R_B} R_S$ となる.

こうして，検流計の電流が 0 になるとき，既知抵抗値 $R_S$ と比 $R_A/R_B$ を求めれば，未知抵抗値 $R_X$ が測定できる．図 11.1 の回路をホイートストンブリッジという.

長さ $L$，断面積 $Q$ の一様な金属細線の抵抗値を $R_X$ とすると，$R_X$ は $L$ に比例し $Q$ に反比例する．比例定数を $\rho$ とすると未知抵抗は次のように表される.

$$R_X = \rho \frac{L}{Q}$$

ここで $\rho = \dfrac{R_X Q}{L}$ を比抵抗と呼ぶ.

## 3 装置，器具

ホイートストンブリッジ，検流計，電池，市販抵抗器，金属細線（2 本），メジャー，マイクロメーター.

図 11.2 はダイヤル型ホイートストンブリッジで，その内部の回路は図 11.3 のようになっている．図 11.2 の **MULTIPLY** ダイヤル（倍率）によって図 11.3 の $R_A/R_B$ を調節する．図 11.2 の測定辺ダイヤルは，図 11.3 の $R_S$ に対応し，4 個のダイヤルを調整する.

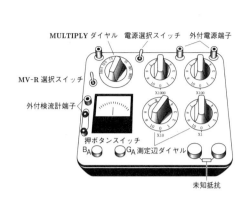

図 11.2

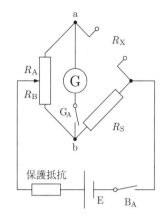

図 11.3

## 4　実験方法

1)　市販抵抗器の測定

(1)　電池と検流計を各々図 11.2 の外付電源端子および外付検流計端子につなぎ，電源選択スイッチを **EXT BA** に倒し，**MV-R** 選択スイッチを R に倒す.

(2)　市販の抵抗器のカラーの色および順序からおおよその値を表 11.1 によって確認する.

表 11.1　抵抗のカラーコード表

| 色別 | 数字 | 乗数 | 許容差 |
|---|---|---|---|
| 黒 | 0 | 1 | |
| 茶 | 1 | 10 | ± 1 % |
| 赤 | 2 | $10^2$ | ± 2 % |
| 橙 | 3 | $10^3$ | |
| 黄 | 4 | $10^4$ | |
| 緑 | 5 | $10^5$ | ± 0.5 % |
| 青 | 6 | $10^6$ | ± 0.25 % |
| 紫 | 7 | $10^7$ | ± 0.1 % |
| 灰 | 8 | $10^8$ | |
| 白 | 9 | $10^9$ | |
| 金 | | $10^{-1}$ | ± 5 % |
| 銀 | | $10^{-2}$ | ± 10 % |
| 無色 | | | ± 20 % |

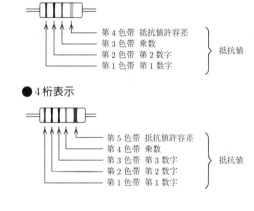

●3桁表示

第 4 色帯　抵抗値許容差
第 3 色帯　乗数
第 2 色帯　第 2 数字
第 1 色帯　第 1 数字
　　　抵抗値

●4桁表示

第 5 色帯　抵抗値許容差
第 4 色帯　乗数
第 3 色帯　第 3 数字
第 2 色帯　第 2 数字
第 1 色帯　第 1 数字
　　　抵抗値

(3)　抵抗器を $X_1$, $X_2$（未知抵抗端子，装置右下）につなぎ，(2) でカラーコードより求めた抵抗器の値により **MULTIPLY** ダイヤルを表 11.2 のように選ぶ.

(4) 測定辺ダイヤルで抵抗値 $R_S$ を先のおおよその抵抗値に設定して，押ボタンスイッチ $B_A$ を先に押しつけたままスイッチ $G_A$ を点打して（一瞬押して離して）検流計が $+$, $-$ のどちらに振れるかを見る．その振れが $+$ のと

表 11.2　$R_X$ と MULTIPLY ダイヤル

| $R_X$ | MULTIPLY |
|---|---|
| 10 Ω 以下 | 1 |
| 10 Ω ～ 100 Ω | 10 |
| 100 Ω ～ 1 kΩ | 100 |
| 1 kΩ ～ 10 kΩ | 1000 |

きは，$R_S$ の抵抗値を増加していき，目盛の増減によって検流計の針が $+$ と $-$ に変わるところを求める．そのとき抵抗値は 2 つの指示値の間にあることがわかる．

(5) **MULTIPLY** ダイヤルにより倍率を小さくしていき，ブリッジが平衡状態になったとき，すなわち検流計を流れる電流が 0 のとき，抵抗器の抵抗値 $R_X$ が次のように求められる．

$$R_X = (倍率) \times (抵抗値\ R_S)$$

測定例

| 倍率 | $R_S{}^+ \leq R_{Sn} \leq R_S{}^-$ |
|---|---|
| 1 | $7 < R_{S0} < 8$ |
| 0.1 | $72 < R_{S1} < 73$ |
| 0.01 | $725 < R_{S2} < 726$ |
| 0.001 | $7251 = R_{S3} = 7251$ |

$R_X = 0.001 \times 7251 = 7.251$ Ω

2) 試料の金属細線の比抵抗の測定

(1) 抵抗値 $R$ を求めるために，**MULTIPLY** ダイヤルを 10 にし，例えば測定辺ダイヤル $R_S$ で 1 Ω を選ぶ．押ボタンスイッチ $B_A$, $G_A$ を押して，検流計の針の振れが $+$ ならば $R_S$ の値を増していき（$-$ ならば減らす），1 Ω の差で針の振れが逆転するところを選ぶ．次に **MULTIPLY** ダイヤルで倍率は 1 桁小さく，$R_S$ はほぼ 1 桁大きく選んで同様に 1 Ω の差で針の振れが逆転するところを選ぶ．これをくり返して指針がちょうど 0 で止まれば，そのときの $R_S$ 値を読む．もう 1 桁精度をあげて読むには，逆転する 1 Ω の差を指針の振れの大きさに比例配分する．

　　　（例）　　1204　　検流計の振れ　　$+0.2$

　　　　　　　1205　　検流計の振れ　　$-0.1$

$$R_S = (1204 + 0.2/0.3) = 1204.7\ [\Omega]$$

(2) 金属細線の直径（マイクロメーターにより 0.001 mm まで）と長さ（メジャーにより 0.01 cm まで）を測定し，比抵抗を計算する．

## 5 測定結果

1) 市販抵抗器の抵抗値 [Ω] （倍率は表 11.2 から選ぶ）

カラーコード読み取り

| 色 | |
|---|---|
| 抵抗値 | $\Omega\pm$ % |

抵抗値

| 倍率 | $R_\mathrm{S}^+ \leq R_{\mathrm{S}n} \leq R_\mathrm{S}^-$ |
|---|---|
| | $< R_\mathrm{S0} <$ |
| | $< R_\mathrm{S1} <$ |
| | $< R_\mathrm{S2} <$ |
| | $R_\mathrm{S3}$ |

| $R_\mathrm{S3}$ | 検流計の振れ |
|---|---|
| $R_\mathrm{S}^+$ | |
| $R_\mathrm{S}^-$ | |

$R_\mathrm{S} =$

$$R_X = \qquad\qquad [\Omega]$$

2) 金属細線 1 の抵抗値

| 倍率 | $R_\mathrm{S}^+ \leq R_{\mathrm{S}n} \leq R_\mathrm{S}^-$ |
|---|---|
| | $< R_\mathrm{S0} <$ |
| | $< R_\mathrm{S1} <$ |
| | $< R_\mathrm{S2} <$ |
| | $R_\mathrm{S3}$ |

| $R_\mathrm{S3}$ | 検流計の振れ |
|---|---|
| $R_\mathrm{S}^+$ | |
| $R_\mathrm{S}^-$ | |

$R_\mathrm{S} =$

$$R_X = \qquad\qquad [\Omega]$$

金属細線 1 の直径と長さ

| 回 | 直径 $d$ [mm] | 長さ $L$ [cm] |
|---|---|---|
| 1 | | |
| 2 | | |
| 3 | | |
| 4 | | |
| 5 | | |
| 平均 | | |

直径の平均 $d =$ [mm] = [m]

長さの平均 $L =$ [cm] = [m]

比抵抗 $\rho = \dfrac{\pi(d/2)^2 R_X}{L} =$ [Ω·m]

3) 金属細線 2 の抵抗値

| 倍率 | $R_S{}^+ \leq R_{Sn} \leq R_S{}^-$ |
|---|---|
|  | $< R_{S0} <$ |
|  | $< R_{S1} <$ |
|  | $< R_{S2} <$ |
|  | $R_{S3}$ |

| $R_{S3}$ | 検流計の振れ |
|---|---|
| $R_S{}^+$ |  |
| $R_S{}^-$ |  |

$R_S =$

$$R_X = \qquad\qquad [\Omega]$$

金属細線 2 の直径と長さ

| 回 | 直径 $d$ [mm] | 長さ $L$ [cm] |
|---|---|---|
| 1 |  |  |
| 2 |  |  |
| 3 |  |  |
| 4 |  |  |
| 5 |  |  |
| 平均 |  |  |

直径の平均   $d =$      [mm] $=$      [m]

長さの平均   $L =$      [cm] $=$      [m]

比抵抗   $\rho = \dfrac{\pi (d/2)^2 R_X}{L} =$      $[\Omega \cdot \mathrm{m}]$

## 6   検討

実験で得られた比抵抗の値を，付録の表の値と比較し，相対誤差を求めよ．

# 12.　インピーダンス

## 1　目的

コイルに直流と交流電圧を加え，抵抗とインピーダンスを測定し，遅れの角 $\phi$ と自己インダクタンス $L$ を求める．

## 2　理論

抵抗 $R$ を持つコイル（自己インダクタンス $L$）に電圧 $V$ の直流電圧を加えたとき，流れる定常電流を $i$ とすれば，オームの法則により抵抗は

$$R = \frac{V}{i}$$

と求まる．

このコイルに周波数 $\nu$ の交流電圧 $V = V_0 \sin \omega t$ を加える．ここで，$\omega$ は角振動数で，交流周波数 $\nu$ と $\omega = 2\pi\nu$ という関係がある．なお，西日本では $\nu = 60\ \mathrm{Hz}$，東日本では $\nu = 50\ \mathrm{Hz}$ である．流れる交流電流を $i$ とすると，コイルの両端には起電力が生じるので，キルヒホッフの法則より，

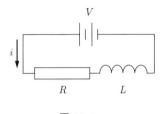

図 **12.1**

$$V - L\frac{di}{dt} = Ri$$

となる．交流電圧 $V = V_0 \sin \omega t$ の表式を代入し整理すると，

$$L\frac{di}{dt} + Ri = V_0 \sin \omega t$$

となる．交流電流を $i = i_0 \sin(\omega t - \phi)$ と表し，上式に代入し整理すると

$$i_0 = \frac{V_0}{\sqrt{R^2 + \omega^2 L^2}}, \quad \phi = \tan^{-1}\frac{\omega L}{R}$$

となる．ここで，$V_0/i_0$ を $Z = \sqrt{R^2 + \omega^2 L^2}$ とおき回路のインピーダンス，$\phi$ を遅れの角という．$V_0$ および $i_0$ を測定することでインピーダンス $Z$ を求めることができる．

交流電圧計，交流電流計では実効電圧 $V_\mathrm{e}$ と実効電流 $i_\mathrm{e}$ が表示される．最大電圧 $V_0$，最大電流 $i_0$ と実効電圧 $V_\mathrm{e}$，実効電流 $i_\mathrm{e}$ は，

$$V_\mathrm{e} = \left\{\frac{1}{T}\int_0^T V^2 dt\right\}^{1/2} = \left\{\frac{1}{T}\int_0^T V_0{}^2 \sin^2 \omega t\, dt\right\}^{1/2} = \frac{V_0}{\sqrt{2}}$$

$$i_\mathrm{e} = \left\{\frac{1}{T}\int_0^T i^2 dt\right\}^{1/2} = \left\{\frac{1}{T}\int_0^T i_0{}^2 \sin^2(\omega t - \phi) dt\right\}^{1/2} = \frac{i_0}{\sqrt{2}}$$

という関係にあるから，実効電圧と実効電流を用いてインピーダンスを $Z = V_\mathrm{e}/i_\mathrm{e} = V_0/i_0$ と求めることができる．ただし，$T = 2\pi/\omega$ は交流の周期である．

## 3  装置, 器具

直流電源, すべり抵抗, スライダック, デジタルマルチメータ2台, コイル, 分度器, コンパス.

## 4  実験方法

(I) 直流抵抗 $R$ の測定

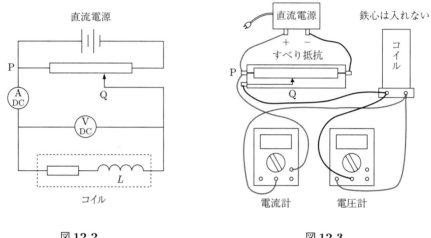

図 12.2                              図 12.3

1) デジタルマルチメータ2台を, 1台はダイヤルを「DC⎓, 電圧 V」と設定し電圧計として, もう1台はダイヤルを「⎓, 電流 10 A」と設定し電流計として使う.

2) コイルの中の鉄心を外した後, 直流電源, すべり抵抗器, コイル, デジタルマルチメータの「電圧計」と「電流計」を, 図 12.3 のように配線する.

3) 直流電源のスイッチが OFF の状態で, AC コンセントへプラグを差し込む.

4) Q を P の位置にもってくる. すなわち, P – Q 間の抵抗を 0 Ω とする.

5) 直流電源装置を ON にし, OUTPUT ボタンを押す.

6) Q を右に動かしながら電流計の値 (0.1 A おきに 0.5 A まで) と, そのときの電圧計の値を記録する.

7) 測定終了後, Q を左に動かし P の位置にもってくる. 電源のスイッチを OFF にしたのち, プラグをコンセントから抜く.

8) 電流計, 電圧計のダイヤルを OFF の位置に合わせる.

9) 直流電源装置, すべり抵抗器からリード線を外す.

## ＜注意＞

使用しているコイルの線が細いため, 1.0 A 以上の電流を流すと焼き切れる恐れがあるから, 電流は最大 0.5 A までとし, 手際よく短時間内に測定を行う.

(II) インピーダンス $Z$ の測定

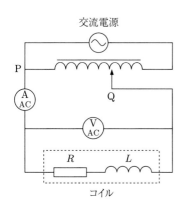 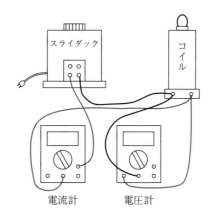

図 12.4                     図 12.5

1) コイルの鉄心は外したままとする（コイルに鉄心を入れない場合 $R - L$）. スライダック,
   コイル, デジタルマルチメータを, 図 12.5 のように配線する.

2) デジタルマルチメータ 2 台を, 1 台はダイヤルを「AC〜, 交流 V」と設定し電圧計とし
   て, もう 1 台はダイヤルを「⎓, 電流 10 A」に設定後 SELECT ボタンを押して「AC」
   モードにして電流計として使う.

3) スライダックの指針が目盛の 0 を指すように, 左へつまみを回しておき, AC コンセント
   へプラグを差し込む.

4) スライダックのつまみを右へ回しつつ, (I) と同様に, 電流計の値と電圧計の値を記録する.

5) 測定終了後, スライダックのつまみを左に回し, 指針の目盛を 0 とし, プラグをコンセン
   トから抜く.

6) 次に, コイルに鉄心を入れ, コイルに鉄心を入れない場合と同様に, 測定を行う（コイル
   に鉄心を入れた場合 $R - L'$）.

<注意>

　スライダックの指針が目盛の 0 になっていない状態でコンセントからプラグを抜くと, 自己
誘導のためデジタルマルチメータを壊す恐れがある. スライダックの指針を 0 にしてからプラ
グをコンセントから抜くこと.

## 5 測定結果

直流抵抗 $R$

| 直流抵抗（鉄心は入れない） | | |
|---|---|---|
| 電流<br>$i$ [A] | 電圧<br>$V$ [V] | 抵抗<br>$R$ [Ω] |
| 0.1 | | |
| 0.2 | | |
| 0.3 | | |
| 0.4 | | |
| 0.5 | | |
| 平均 | | |

インピーダンス $Z, Z'$

| $R-L$ インピーダンス<br>（鉄心を入れないとき） | | | $R-L'$ インピーダンス<br>（鉄心を入れたとき） | | |
|---|---|---|---|---|---|
| 電流<br>$i_e$ [A] | 電圧<br>$V_e$ [V] | インピーダンス<br>$Z$ [Ω] | 電流<br>$i_e$ [A] | 電圧<br>$V_e$ [V] | インピーダンス<br>$Z'$ [Ω] |
| 0.1 | | | 0.1 | | |
| 0.2 | | | 0.2 | | |
| 0.3 | | | 0.3 | | |
| 0.4 | | | 0.4 | | |
| 0.5 | | | 0.5 | | |
| 平均 | | | 平均 | | |

## 6 作図と計算

1) 鉄心がない場合について説明する．グラフの横軸，縦軸をともに 1 cm を 10 Ω にとり，図 12.6 に示すように CD $= R$, CA $= Z$ となるように点 D, A を描く（$R$, $Z$ は平均値）．

2) C を中心に半径 CA の円を描く．

3) D を通り縦軸に平行な直線をひき，その円との交点を B とする．

4) $\angle$CDB $= 90°$ であるので $BC^2 = CD^2 + BD^2$ が成り立つ．CD $= R$, CA $= Z$ であることから，BD $= 2\pi\nu L$ である（図 12.7 参照）．BD の長さを測定して $2\pi\nu L$ および $L$ を求める．

5) 位相の遅れ $\phi$ は，$\tan\phi = \dfrac{2\pi\nu L}{R}$ であるから，図 12.7 より $\phi = \angle$BCD である．$\angle$ BCD を分度器で測り $\phi$ を求める．

6) 鉄心を入れた場合も同じようにして $2\pi\nu L'$, $L'$, $\phi'$ を求める．

7) $2\pi\nu L$ と $\phi$ は計算でも求めることができる．測定で求めたインピーダンス $Z$ と抵抗 $R$ の値から，$2\pi\nu L = \sqrt{Z^2 - R^2}$ が，抵抗 $R$ と $2\pi\nu L$ から $\phi = \tan^{-1}\dfrac{2\pi\nu L}{R}$ が求まる．電卓を使って $2\pi\nu L$ と $\phi$ を計算する．

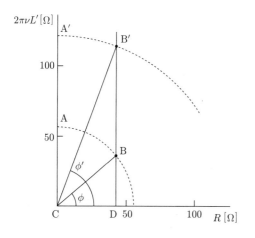

図 **12.6**　インピーダンスと遅れの角

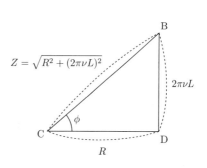

図 **12.7**　鉄心を入れないときのインピーダンス $Z$ と抵抗 $R$, $2\pi\nu L$, 遅れの角 $\phi$ の関係

## 7　結果

(1) 鉄心を入れないとき

$$Z = \text{AC} = \qquad [\Omega]$$

$$R = \text{CD} = \qquad [\Omega]$$

$$2\pi\nu L = \text{BD} = \qquad [\Omega]\ (図より)$$

$$L = \frac{\text{BD}}{2\pi\nu} = \qquad [\text{H}]$$

$$\phi = \qquad [°]\ (分度器)$$

$$2\pi\nu L = \qquad [\Omega]\ (計算)$$

$$\phi = \qquad [°]\ (計算)$$

(2) 鉄心を入れたとき

$$Z' = \text{A}'\text{C} = \qquad [\Omega]$$

$$R = \text{CD} = \qquad [\Omega]$$

$$2\pi\nu L' = \text{B}'\text{D} = \qquad [\Omega]\ (図より)$$

$$L' = \frac{\text{B}'\text{D}}{2\pi\nu} = \qquad [\text{H}]$$

$$\phi' = \qquad [°]\ (分度器)$$

$$2\pi\nu L' = \qquad [\Omega]\ (計算)$$

$$\phi' = \qquad [°]\ (計算)$$

## 8　検討

1)　鉄心を入れたときと鉄心を入れないときとでインピーダンスにどのような違いが出たか.

2)　直流抵抗が一定のときは, インピーダンスに影響を与えるものは何か.

3)　直流抵抗が小さくなると遅れの角はどうなるか.

< **参考** >

　一般には, 交流回路のインピーダンスは, 複素インピーダンス $\widetilde{Z}$ を用いて計算する. 角周波数 $\omega = 2\pi\nu$ の交流回路では, 抵抗 $R$ の複素インピーダンスは $\widetilde{Z}_R = R$, 自己インダクタンス $L$ のコイルの複素インピーダンスは $\widetilde{Z}_L = i\omega L$ ($i$ は虚数単位, $i = \sqrt{-1}$) と表される. これらを直列につないだ回路の複素インピーダンスは $\widetilde{Z} = \widetilde{Z}_R + \widetilde{Z}_L = R + i\omega L$ となる. インピーダンス $Z$ はその絶対値より $Z = |\widetilde{Z}| = \sqrt{R^2 + \omega^2 L^2} = \sqrt{R^2 + (2\pi\nu L)^2}$ と求まる. 遅れの角は $\tan\phi = \dfrac{\omega L}{R} = \dfrac{2\pi\nu L}{R}$ より求めることができる. 測定によりインピーダンス $Z$ と抵抗 $R$ が得られていると, $2\pi\nu L$ は $2\pi\nu L = \sqrt{Z^2 - R^2}$ より, $\phi$ は $\phi = \tan^{-1}\dfrac{2\pi\nu L}{R}$ より計算できる.

# 13. 顕微鏡による屈折率

## 1 目的

遊動顕微鏡を用いてガラスおよび水の屈折率 $n$ を測定する.

## 2 理論

図 13.1 のように，空気に対する相対屈折率が $n$ の物質中の一点 A から出た光は，APQ, AOC, AP$'$Q$'$ のような径路を通って空気中に出る．いま，近軸光線のみ考え，P を通る面法線 PN と PQ および PA のなす角をそれぞれ $i, r$ とすると，屈折率は以下のようになる.

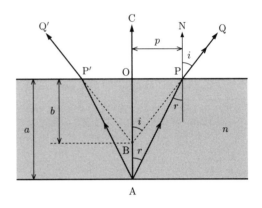

$$n = \frac{\sin i}{\sin r} \simeq \frac{\tan i}{\tan r} = \frac{\dfrac{p}{b}}{\dfrac{p}{a}} = \frac{a}{b}$$

図 **13.1**

ここに $p = $ OP, $a = $ OA, $b = $ OB を表す．物質層の厚さ $a$ と，O から A の虚像 B までの距離 $b$ とを測定することにより，物質の屈折率 $n$ を求めることができる.

## 3 装置，器具

遊動顕微鏡，台形ガラス板，容器，チョーク.

## 4 実験方法

1) 遊動顕微鏡付属の水準器を使用して S1, S2 を動かし顕微鏡を水平にする.

2) 台形ガラス板の屈折率の測定

    (1) 水平台のみがき傷に焦点を合わせ Z1Z2 軸上の目盛の読みを $Z_a$ とする.

       < 注意 >

       ① 目盛の読み方: 主尺は 0.05 cm 目盛で，副尺は 2.45 cm を 50

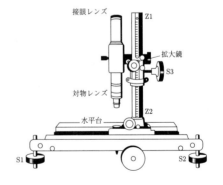

図 **13.2**

等分してあるから，主尺と副尺の目違いは 0.001 cm である．例えば，副尺の 0 点が主尺の 5.25 cm と 5.30 cm との間にあり，主尺と副尺の線の合致する位置を拡大鏡で見て，それが副尺の 18 の目盛とすれば，読みは $5.25 + 18/1000 = 5.268$ cm

となる.

② 焦点の合せ方: 対物レンズの先端と水平台とが 1 cm 位の距離になるまで顕微鏡を下げる. 接眼レンズを片眼で見ながら S3 を静かに回転させ, 顕微鏡を上げながら焦点を合わせる.

(2) 次に水平台の上に, スリガラス面が下になるよう台形ガラス板を置く. 台形ガラス板を通して (1) の水平台のみがき傷に焦点を合わせる. 目盛の読みを $Z_b$ とする.

(3) 今度は台形ガラス板のスリガラス面が上になるようにして鉛筆で印を付け, それに焦点を合わせる. 目盛の読みを $Z_0$ とする.

(4) 測定者を交代しながら以上の実験を 5 回繰り返す (但し各実験で (1)〜(3) までは同一の人が測定する).

3) 水の屈折率の測定

(1) 容器を水平台の上にのせ, 容器の内底から 1 cm 位のところまで対物レンズの先端を下げる. 顕微鏡が上がる方向に S3 を回転させながら, 容器の内底の小さな傷に焦点を合わせる. 目盛の読みを $Z_a'$ とする.

(2) 次に容器に深さ 1.5 cm 位の蒸溜水を入れる. このとき, 先ほどと同じ傷を見るために, 容器を動かさずに水を入れること. 測定は, 水面から 1 cm 位のところまで対物レンズの先端を下げ, 顕微鏡が上がる方向に S3 を回転させながら, 蒸溜水を通して, (1) で見た容器の傷に焦点を合わせる. 目盛の読みを $Z_b'$ とする.

(3) 次に水面にチョークの粉を浮かせ, その粉に焦点を合わせる. 目盛の読みを $Z_0'$ とする.

(4) 測定者を交代しながら, また蒸溜水の量を変えて, 以上の実験を 5 回繰返す.

## 5 測定結果

1) 台形ガラス板の屈折率

| 回 | $Z_a$ [cm] | $Z_b$ [cm] | $Z_0$[cm] | $n = \dfrac{Z_0 - Z_a}{Z_0 - Z_b}$ |
|---|---|---|---|---|
| 1 | | | | |
| 2 | | | | |
| 3 | | | | |
| 4 | | | | |
| 5 | | | | |
| | | | 平均 = | |

したがって, 台形ガラス板の屈折率は, $n =$ 　　　　　となる.

2) 蒸溜水の屈折率

| 回 | $Z'_a$ [cm] | $Z'_b$ [cm] | $Z'_0$ [cm] | $n = \dfrac{Z'_0 - Z'_a}{Z'_0 - Z'_b}$ |
|---|---|---|---|---|
| 1 | | | | |
| 2 | | | | |
| 3 | | | | |
| 4 | | | | |
| 5 | | | | |
| | | | 平均 = | |

したがって, 蒸溜水の屈折率は, $n =$ 　　　　　　　　となる.

## 6  検討

1) 得られた屈折率の値を, 付録の表の値と比較し, 相対誤差を求めよ.

2) 蒸溜水の屈折率 $n$ について確率誤差を求めよ.

屈折率 $n$ の確率誤差 $E_n$

| 回 | $n$ | $n$ の残差  $\varepsilon_i$ | ($n$ の残差)$^2$  $(\varepsilon_i)^2$ |
|---|---|---|---|
| 1 | | | |
| 2 | | | |
| 3 | | | |
| 4 | | | |
| 5 | | | |
| 平均 | | 合計  $\sum (\varepsilon_i)^2 =$ | |

屈折率 $n$ の確率誤差 (測定が5回のとき)

$$E_n = 0.741 \sqrt{\frac{\sum (\varepsilon_i)^2}{5(5-1)}} =$$

この結果, 屈折率 $n$ は $n =$ 　　　　　　 $\pm$ 　　　　　　 (p.e.) となる.

# 14. 光電管

## 1 目的

光電管の特性を測定する.

## 2 理論

一般に物質の表面に光や X 線などの電磁波を
あてると電子（光電子）が飛び出す. この現象を
光電効果という. 光電効果は次のような特徴を
もつ.

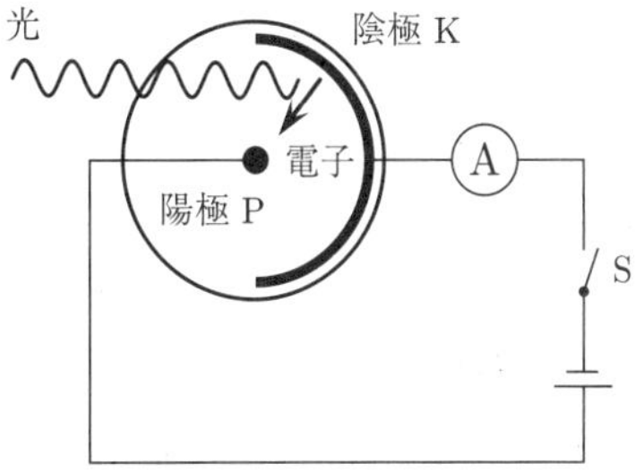

図 14.1

① ある一定以上の振動数をもつ光でなけれ
ば, 光の強さをいくら増やしても光電子
は飛び出さない.

② 光の強さを一定にして, 光の振動数を大
きくすると, 飛び出す一つ一つの光電子が持つ運動エネルギーは大きくなるが, 飛び出
す電子の数は変わらない.

③ 振動数を一定にして光の強さを増やすと, 飛び出す電子の数は増えるが, 一つ一つの電
子がもつ運動エネルギーは変化しない.

このような光電効果を利用して光の強さを測定するデバイスに光電管がある. 図 14.1 のよ
うな光電管において陰極 K の金属の表面に電磁波をあてると光電子が放出される. スイッチ S
を閉じれば光電子は陽極 P に集まり, 回路に微小な電流 $I$（$\mu$A 程度）が流れる. 電流 $I$ を測
定して光の強さを測定することができる.

光電効果の原理は以下の通りである.

量子力学によると, 振動数 $\nu$ の電磁波はエネルギー $h\nu$ を持つ粒子（光子という）として振
舞う. ここで, $h$ はプランク定数とよばれ, $h = 6.626 \times 10^{-34}$ [J·s] である. 光子が金属表
面に入射すると金属中の電子 1 個と相互作用し, 電子は光子のエネルギーを受けとり金属表面
より飛び出す. 金属中の電子を金属表面から外部に飛び出させるためには, その金属によって
定まったエネルギー $W$ が必要である. これをその金属の仕事関数という. したがって, 飛び
出した光電子がもつ運動エネルギーは

$$\frac{1}{2}mv^2 = h\nu - W \tag{14.1}$$

となる. 光電子を飛び出させるためには, 光子は仕事関数 $W$ よりも大きなエネルギーを持っ
ていなくてはならない. したがって, 金属に入射する光の振動数 $\nu$ は

$$\nu_{\min} = \frac{W}{h} \tag{14.2}$$

で決まる値 $\nu_{\min}$ より大きくなければ, いくら光の強さを増しても光電子は飛び出さない. こ
の $\nu_{\min}$ を限界振動数という. $\nu_{\min}$ より大きい振動数をもつ光が光電面に当たると, 飛び出す

光電子の数は光の強さに比例するので，光電管に流れる電流 $I$ は光電面に当たる光の強さに比例する．

　点光源の場合，光の強さは光源からの距離の 2 乗に反比例する．光源から光電面までの距離を $r$ とすると，一定の陽極電圧 $V$ を与えて，$1/r^2$ に対して光電流 $I$ をグラフに描けば図 14.2 のような直線となる．一方，光の強さを一定にしたときは，光電管に流れる電流は陽極電圧によって変化する．電流の陽極電圧に対する変化を示した例が図 14.3 である．

## 3　装置，器具

　真空型光電管，電流計（100 $\mu$A），直流電圧計（150 V），スライダック，光学台．

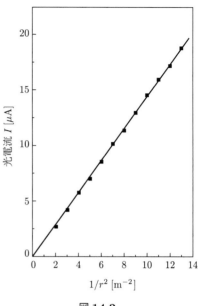

図 14.2

## 4　実験方法

1) 光学台上に，内部を黒く塗った箱の中に入れた光電管と光源を，図 14.4 のように窓 A，B を間に入れて対立させる．光電管にはフルスケール 30 $\mu$A の電流計と，陽極電圧を計るための直流電圧計（150 V）およびスライダックを接続する．

2) 窓の調整は，光源から光電管までが一直線上になるように調整する．

3) 光源用の電球を点灯し，光電管と光源との距離 $l$ を 60 cm に固定す

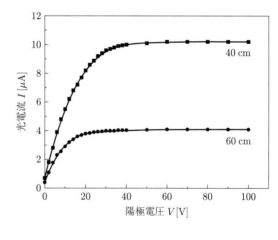

図 14.3

る．電圧計のレンジを 150 V にして，陽極電圧を 0 ～ 100 V まで，初めのうちは 2 V ずつ変化させ，40 V 以上は 10 V ずつ変化させたときの光電流の変化（0.02 $\mu$A まで）を読み，光電管の陽極電圧と光電流の関係を求める．さらに，光源との距離を 40 cm に変えて同様の実験を繰り返す．

<注意>

上記の電圧測定に際しては，スライダックの変化に対して陽極電圧の変化がゆるやかなため，スライダックはゆっくりと変化させて測定すること．

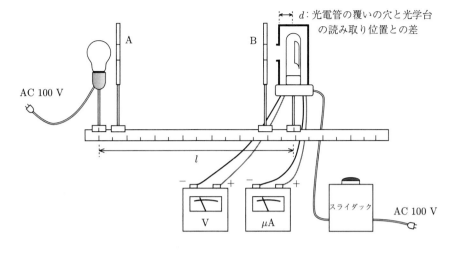

図 14.4

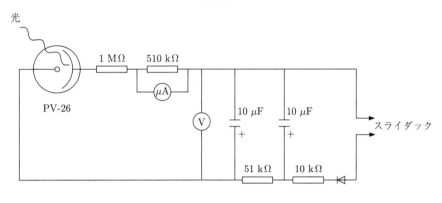

図 14.5

4) 次に，光電管の陽極電圧を一定の 100 V にしておいて，光源と光電管との距離 $l$ を約 100 cm から 20 cm くらいまで $1/r^2$ がほぼ等間隔になるように適当な間隔で変化させ，光電流と実効距離 $r = l - d$ の関係を測定する．光電面に到達する光の強さは光電管の覆いの穴を通ってくる光の強さで決まる．実効距離 $r$ は距離 $l$ から光電管の覆いの穴と光電管の中心位置（光学台の光電管の位置）までの距離 $d$ を引いたもので，$d = 3.0$ cm である．

## 5  測定結果

1) 陽極電圧 − 光電流特性曲線（$V − I$ 特性曲線）

| 距離 | 60 cm | 40 cm |
|---|---|---|
| 光電流 $I$ ＼ 陽極電圧 [V] | [$\mu$A] | [$\mu$A] |
| 0 | | |
| 2 | | |
| 4 | | |
| 6 | | |
| 8 | | |
| 10 | | |
| 12 | | |
| 14 | | |
| 16 | | |
| 18 | | |
| 20 | | |
| 22 | | |
| 24 | | |
| 26 | | |
| 28 | | |
| 30 | | |
| 32 | | |
| 34 | | |
| 36 | | |
| 38 | | |
| 40 | | |
| 50 | | |
| 60 | | |
| 70 | | |
| 80 | | |
| 90 | | |
| 100 | | |

2)　入射光束 − 光電流特性曲線（$1/r^2 - I$ 特性曲線）（$d = 3.0$ cm）

| 距離 $l$ [cm] | $r = l - d$ [cm] | $1/r^2$ [m$^{-2}$] | 光電流 $I$ [$\mu$A] |
|---|---|---|---|
| 73.7 | 70.7 | 2 | |
| 60.7 | 57.7 | 3 | |
| 53.0 | 50.0 | 4 | |
| 47.7 | 44.7 | 5 | |
| 43.8 | 40.8 | 6 | |
| 40.8 | 37.8 | 7 | |
| 38.4 | 35.4 | 8 | |
| 36.3 | 33.3 | 9 | |
| 34.6 | 31.6 | 10 | |
| 33.2 | 30.2 | 11 | |
| 31.9 | 28.9 | 12 | |
| 30.8 | 27.8 | 13 | |

## 6　検討

1)　光電管の陽極電圧と，光電流の関係をグラフに描きなさい（図 14.3 参照）.

2)　距離と，光電子により生ずる電流の関係をグラフに描きなさい．このとき，図 14.2 のように，距離 $r$ に対して，横軸に $1/r^2$，縦軸に光電流 $I$ をとりなさい.

# 付録

## 基礎物理定数

| 真空中の光の速さ | $c$ | 2.99792458 | $\times 10^8$ | m/s（定義値） |
|---|---|---|---|---|
| 万有引力定数 | $G$ | 6.67430(15) | $\times 10^{-11}$ | $\mathrm{N \cdot m^2/kg^2}$ |
| 電子の質量 | $m_\mathrm{e}$ | 9.1093837015(28) | $\times 10^{-31}$ | kg |
| 陽子の質量 | $m_\mathrm{p}$ | 1.67262192369(51) | $\times 10^{-27}$ | kg |
| 電気素量 | $e$ | 1.602176634 | $\times 10^{-19}$ | C（定義値） |
| プランク定数 | $h$ | 6.62607015 | $\times 10^{-34}$ | $\mathrm{J \cdot s}$（定義値） |
| ボルツマン定数 | $k_\mathrm{B}$ | 1.380649 | $\times 10^{-23}$ | J/K（定義値） |
| 電子の電荷質量比 | $-e/m_\mathrm{e}$ | $-1.75882001076(53)$ | $\times 10^{11}$ | C/kg |
| リュードベリ定数 | $R_\infty$ | 1.0973731568160(21) | $\times 10^7$ | 1/m |
| アボガドロ定数 | $N_\mathrm{A}$ | 6.02214076 | $\times 10^{23}$ | 1/mol（定義値） |
| 理想気体の体積<br>（0 ℃，1 atm） | $V_0$ | $2.241396954 \cdots$ | $\times 10^{-2}$ | $\mathrm{m^3/mol}$（定義値） |
| 気体定数 | $R = N_\mathrm{A} \cdot k_\mathrm{B}$ | $8.314462618 \cdots$ | | $\mathrm{J/(mol \cdot K)}$（定義値） |
| ファラデー定数 | $F = N_\mathrm{A} \cdot e$ | $9.648533212 \cdots$ | $\times 10^4$ | C/mol（定義値） |

＜注＞

CODATA (Committee on Data for Science and Technology) 2018 推奨値による．

( ) の中は数値の下 2 桁が ( ) 内の数値だけ標準誤差を持つことを表す．

# 単位系，接頭語，ギリシア文字

## 国際単位系 (略称 SI)

### 1　基本単位

|  | 記号 | 名称 | |
|---|---|---|---|
| 長さ | m | metre | メートル |
| 質量 | kg | kilogram | キログラム |
| 時間 | s | second | 秒 |
| 電流 | A | ampere | アンペア |
| 温度 | K | kelvin | ケルビン |
| 物質量 | mol | mole | モル |
| 光度 | cd | candela | カンデラ |

### 2　固有の名称をもつ SI 組立単位

|  | 記号 | 名称 | | 他の SI 単位による表現 |
|---|---|---|---|---|
| 平面角 | rad | radian | ラジアン | |
| 立体角 | sr | steradian | ステラジアン | |
| 振動数 | Hz | hertz | ヘルツ | $s^{-1}$ |
| 力 | N | newton | ニュートン | $kg \cdot m/s^2$ |
| 圧力 | Pa | pascal | パスカル | $N/m^2$ |
| エネルギー，仕事，熱量 | J | joule | ジュール | $N \cdot m$ |
| 仕事率 | W | watt | ワット | $J \cdot s$ |
| 電気量 | C | coulomb | クーロン | $A \cdot s$ |
| 電圧 | V | volt | ボルト | $W/A$ |
| 電気容量 | F | farad | ファラド | $C/V$ |
| 電気抵抗 | Ω | ohm | オーム | $V/A$ |
| コンダクタンス | S | siemens | ジーメンス | $A/V$ |
| 磁束 | Wb | weber | ウェーバー | $V \cdot s$ |
| インダクタンス | H | henry | ヘンリー | $Wb/A$ |
| 光束 | lm | lumen | ルーメン | $cd \cdot sr$ |
| 照度 | lx | lux | ルクス | $cd \cdot sr/m^2$ |
| 放射能 | Bq | becquerel | ベクレル | $s^{-1}$ |
| 吸収線量指標 | Gy | gray | グレイ | $J/kg$ |
| 線量当量 | Sv | sievert | シーベルト | $J/kg$ |

# CGS 単位系

## 1 CGS 基本単位

|  | 記号 | 名称 |
|---|---|---|
| 長さ | cm | centimetre |
| 質量 | g | gram |
| 時間 | s | second |

## 2 誘導 CGS 単位

|  | 記号 | 名称 | | 他の単位による表現 |
|---|---|---|---|---|
| 力 | dyn | dyne | ダイン | $g \cdot cm/s^2$ |
| エネルギー | erg | erg | エルグ | $g \cdot cm^2/s^2$ |
| 粘性係数 | P | poise | ポアズ | $dyn \cdot s/cm^2$ |
| 重力加速度 | gal, Gal | gal | ガル | $cm/s^2$ |
| 磁界・磁場 | Oe | oersted | エルステッド | $(1/4\pi)10^3$ A/m |
| 磁束 | Mx | maxwell | マクスウェル | $10^{-8}$ Wb |
| 磁束密度 | G | gauss | ガウス | $10^{-4}$ T |

# 併用許容単位

|  | 記号 | 名称 | |
|---|---|---|---|
| 角度 | ° | degree | 度 |
|  | ′ | minute | 分 |
|  | ″ | second | 秒 |
| 時間 | min | minute | 分 |
|  | h | hour | 時間 |
|  | d | day | 日 |
| 体積 | L | litre | |
| 質量 | t | ton | |
| 原子質量単位 | u | unified atomic mass unit | |
| エネルギー | eV | electronvolt | |
| 長さ | Å | ångström | $= 10^{-10}$ m |
| 圧力 | bar | bar | $= 10^5$ Pa |
|  | atm | standard atmosphere | $= 101325$ Pa |
|  | Torr | torr | $= (101325/760)$ Pa |
| 熱量 | cal | calorie | |
| 放射能 | Ci | curie | $= 3.7 \times 10^{10}$ Bq |
| 照射線量 | R | röntogen | $= 2.58 \times 10^{-4}$ C/kg |
| 吸収線量 | rad, rd | rad | $= 10^2$ Gy |

## 単位につける接頭語

| 記号 | 読み | | 大きさ | 記号 | 読み | | 大きさ |
|---|---|---|---|---|---|---|---|
| Z | zetta | ゼタ | $10^{21}$ | d | deci | デシ | $10^{-1}$ |
| E | exa | エクサ | $10^{18}$ | c | centi | センチ | $10^{-2}$ |
| P | peta | ペタ | $10^{15}$ | m | milli | ミリ | $10^{-3}$ |
| T | tera | テラ | $10^{12}$ | $\mu$ | micro | マイクロ | $10^{-6}$ |
| G | giga | ギガ | $10^{9}$ | n | nano | ナノ | $10^{-9}$ |
| M | mega | メガ | $10^{6}$ | p | pico | ピコ | $10^{-12}$ |
| k | kilo | キロ | $10^{3}$ | f | femto | フェムト | $10^{-15}$ |
| h | hekto | ヘクト | $10^{2}$ | a | atto | アト | $10^{-18}$ |
| da | deca | デカ | $10^{1}$ | z | zepto | ゼプト | $10^{-21}$ |

## ギリシア文字

| 大文字 | 小文字 | 読み | |
|---|---|---|---|
| $A$ | $\alpha$ | alpha | アルファ |
| $B$ | $\beta$ | beta | ベータ |
| $\Gamma$ | $\gamma$ | gamma | ガンマ |
| $\Delta$ | $\delta$ | delta | デルタ |
| $E$ | $\varepsilon$ | epsilon | イプシロン |
| $Z$ | $\zeta$ | zeta | ゼータ |
| $H$ | $\eta$ | eta | エータ |
| $\Theta$ | $\theta$ | theta | シータ |
| $I$ | $\iota$ | iota | イオタ |
| $K$ | $\kappa$ | kappa | カッパ |
| $\Lambda$ | $\lambda$ | lambda | ラムダ |
| $M$ | $\mu$ | mu | ミュー |
| $N$ | $\nu$ | nu | ニュー |
| $\Xi$ | $\xi$ | ksi,xi | クシー，グザイ |
| $O$ | $o$ | omicron | オミクロン |
| $\Pi$ | $\pi$ | pi | パイ |
| $P$ | $\rho$ | rho | ロー |
| $\Sigma$ | $\sigma$ | sigma | シグマ |
| $T$ | $\tau$ | tau | タウ |
| $Y$ | $\upsilon$ | upsilon | ウプシロン |
| $\Phi$ | $\phi,\varphi$ | phi | フィー，ファイ |
| $X$ | $\chi$ | khi,chi | カイ |
| $\Psi$ | $\psi$ | psi | プシー，プサイ |
| $\Omega$ | $\omega$ | omega | オメガ |

# 単位換算表

| | |
|---|---|
| 時間 | $1 \text{ sec} = 1.667 \times 10^{-2} \text{ min} = 2.778 \times 10^{-4} \text{ hr} = 3.169 \times 10^{-8}$ 年 |
| 長さ | $1 \text{ cm} = 10^{-2} \text{ m}, \quad 1 \text{ Å}$ (オングストローム) $= 10^{-10} \text{ m} = 10^{-1} \text{ nm}$ |
| 角度 | $1 \text{ rad}$ (ラジアン) $= 57.3°, \quad 1° = 1.74 \times 10^{-2} \text{ rad}, \quad 360° = 2\pi \text{ rad}$ |
| 面積 | $1 \text{ cm}^2 = 10^{-4} \text{ m}^2$ |
| 体積 | $1 \text{ cm}^3 = 10^{-6} \text{ m}^3 = 10^{-3} \text{ L}$ (リットル) |
| 質量 | $1 \text{ g} = 10^{-3} \text{ kg}$ |
| 力 | $1 \text{ N}$ (ニュートン) $= 10^5 \text{ dyn}$ (ダイン) |
| 圧力 | $1 \text{ Pa}$ (パスカル) $= 1 \text{ N/m}^2 = 9.265 \times 10^{-6} \text{ atm}$ (気圧) $= 10 \text{ dyn/cm}^2$<br>$1 \text{ atm} = 1.013 \times 10^5 \text{ Pa} = 1013 \text{ hPa} = 101.3 \text{ kPa} = 0.1013 \text{ MPa}$<br>$1 \text{ bar}$ (バール) $= 10^6 \text{ dyn/cm}^2$ |
| エネルギー<br>仕事, 熱量 | $1 \text{ J}$ (ジュール) $= 10^7 \text{ erg}$ (エルグ) $= 0.239 \text{ cal} = 6.242 \times 10^{18} \text{ eV}$<br>$1 \text{ eV}$ (電子ボルト) $= 10^{-6} \text{ MeV} = 1.60 \times 10^{-12} \text{ erg} = 1.07 \times 10^{-9} \text{ amu}$<br>$1 \text{ cal}$ (カロリー) $= 4.186 \text{ J} = 2.613 \times 10 \text{ eV} = 2.807 \times 10^{10} \text{ amu}$ |
| 温度 | $\text{K}$ (ケルビン) $= 273.15 + °\text{C}$ [絶対温度]　$0°\text{C} = 273.15 \text{ K}$<br>$°\text{C} = 5/9(°\text{F} - 32)$ [摂氏], $\quad °\text{F} = 9/5°\text{C} + 32$ [華氏] |
| 仕事率 | $1 \text{ W}$ (ワット) $= 1.341 \times 10^{-3} \text{ hp}$ (馬力) |
| 電場 | $1 \text{ N/C} = 1 \text{ V/m} = 10^{-2} \text{ V/cm} = 1/3 \times 10^{-4} \text{ esu/cm}$ |
| 電気抵抗 | $1 \text{ μΩ}$ (マイクロオーム) $= 10^{-6} \text{ Ω}, \quad 1 \text{ MΩ} = 10^6 \text{ Ω}$ |
| 電気容量 | $1 \text{ μF}$ (マイクロファラッド) $= 10^{-6} \text{ F}, \quad 1 \text{ pF} = 10^{-12} \text{ F}$ |

# 1.　水の密度

1 atm = 101325 Pa のもとでの水の密度は 3.98°C において最大である.

単位は $10^3$ kg$\cdot$m$^{-3}$ = g$\cdot$cm$^{-3}$

| 温度<br>[°C] | 0 | 1 | 2 | 3 | 4 | 5 | 6 | 7 | 8 | 9 |
|---|---|---|---|---|---|---|---|---|---|---|
| 0 | 0.99987 | 0.99993 | 0.99997 | 0.99999 | 1.00000 | 0.99999 | 0.99997 | 0.99993 | 0.99998 | 0.99981 |
| 10 | 0.99973 | 0.99963 | 0.99952 | 0.99940 | 0.99927 | 0.99913 | 0.99897 | 0.99880 | 0.99862 | 0.99843 |
| 20 | 0.99823 | 0.99802 | 0.99780 | 0.99757 | 0.99733 | 0.99707 | 0.99681 | 0.99654 | 0.99626 | 0.99597 |
| 30 | 0.99568 | 0.99537 | 0.99505 | 0.99473 | 0.99440 | 0.99406 | 0.99371 | 0.99336 | 0.99299 | 0.99262 |
| 40 | 0.9922 | 0.9919 | 0.9915 | 0.9811 | 0.9907 | 0.9902 | 0.9898 | 0.9894 | 0.9890 | 0.9885 |
| 50 | 0.9881 | 0.9876 | 0.9872 | 0.9867 | 0.9862 | 0.9857 | 0.9853 | 0.9848 | 0.9843 | 0.9838 |
| 60 | 0.9832 | 0.9827 | 0.9822 | 0.9817 | 0.9811 | 0.9806 | 0.9801 | 0.9795 | 0.9789 | 0.9784 |
| 70 | 0.9778 | 0.9772 | 0.9767 | 0.9761 | 0.9755 | 0.9749 | 0.9743 | 0.9737 | 0.9731 | 0.9725 |
| 80 | 0.9718 | 0.9712 | 0.9706 | 0.9699 | 0.9693 | 0.9687 | 0.9680 | 0.9673 | 0.9667 | 0.9660 |
| 90 | 0.9653 | 0.9647 | 0.9640 | 0.9633 | 0.9626 | 0.9619 | 0.9612 | 0.9605 | 0.9598 | 0.9591 |
| 100 | 0.9584 | 0.9577 | 0.9569 | | | | | | | |

# 2.　金属の密度 (常温)

単位は $10^3$ kg$\cdot$m$^{-3}$ = g$\cdot$cm$^{-3}$

| 物質 | 密度 | 物質 | 密度 | 物質 | 密度 |
|---|---|---|---|---|---|
| 亜鉛 | 7.13 | コバルト | 8.9 | 鉛 | 11.35 |
| アルミニウム | 2.6989 | 錫 (すず)(白色) | 7.31 | ニッケル | 8.902 |
| アンチモン | 6.691 | ビスマス | 9.747 | 白金 | 21.45 |
| イリジウム | 22.42 | 鉄 | 7.874 | マグネシウム | 1.738 |
| 金 | 19.32 | 銅 | 8.96 | マンガン | 7.44 |
| 銀 | 10.5 | ナトリウム | 0.971 | ロジウム | 12.41 |

# 3.    重力加速度の実測値

福岡 9.79629 m/s$^2$

| 地名 | 緯度<br>[° ′ ″] | 高さ<br>[m] | 重力加速度<br>[m/s$^2$] | 地名 | 緯度<br>[° ′ ″] | 高さ<br>[m] | 重力加速度<br>[m/s$^2$] |
|---|---|---|---|---|---|---|---|
| 札幌 | 43 04 24 | 15 | 9.80478 | 福井 | 36 03 19 | 8.97 | 9.79838 |
| 弘前 | 40 35 18 | 50.92 | 9.80261 | 名古屋 | 35 09 18 | 46.21 | 9.79733 |
| 盛岡 | 39 41 56 | 153 | 9.80190 | 京都 | 35 01 45 | 59.78 | 9.79708 |
| 秋田 | 39 43 46 | 27.93 | 9.80176 | 伊丹 | 34 47 31 | 15.43 | 9.79703 |
| 仙台 | 38 15 05 | 127.77 | 9.80066 | 岡山 | 34 39 39 | −0.7 | 9.79712 |
| 山形 | 38 14 51 | 168.33 | 9.80015 | 広島 | 34 22 21 | 0.98 | 9.79659 |
| 新潟 | 37 54 45 | 2.67 | 9.79975 | 山口 | 34 09 38 | 16.94 | 9.79659 |
| 長岡 | 37 25 26 | 58.97 | 9.79931 | 高知 | 33 33 26 | −0.92 | 9.79626 |
| 筑波 | 36 06 13 | 21.89 | 9.79951 | 松山 | 33 50 38 | 34 | 9.79596 |
| 羽田 | 35 32 56 | −2 | 9.79760 | 福岡 | 33 35 53 | 31.27 | 9.79629 |
| 松本 | 36 14 48 | 610.96 | 9.79654 | 熊本 | 32 49 02 | 22.76 | 9.79552 |
| 甲府 | 35 40 03 | 273 | 9.79706 | 長崎 | 32 44 03 | 23.69 | 9.79588 |
| 静岡 | 34 58 34 | 15 | 9.79742 | 鹿児島 | 31 33 19 | 5 | 9.79471 |
| 富山 | 36 42 33 | 9.38 | 9.79868 | 那覇 | 26 12 27 | 21.09 | 9.79096 |

# 4.　弾性の定数

| 物質 | ヤング率 ×10$^{10}$ [Pa] | 剛性率 ×10$^{10}$ [Pa] | ポアソン比 | 体積弾性率 ×10$^{10}$ [Pa] |
|---|---|---|---|---|
| 亜鉛 | 10.84 | 4.34 | 0.249 | 7.20 |
| アルミニウム | 7.03 | 2.61 | 0.345 | 7.55 |
| インバール | 14.40 | 5.72 | 0.259 | 9.94 |
| ガラス (クラウン) | 7.13 | 2.92 | 0.22 | 4.12 |
| ガラス (フリント) | 8.01 | 3.15 | 0.27 | 5.76 |
| 金 | 7.80 | 2.70 | 0.44 | 21.70 |
| 銀 | 8.27 | 3.03 | 0.367 | 10.36 |
| コンスタンタン | 16.24 | 6.12 | 0.327 | 15.64 |
| 黄銅 (真鍮) | 10.06 | 3.73 | 0.35 | 11.18 |
| スズ | 4.99 | 1.84 | 0.357 | 5.82 |
| 青銅 (鋳) | 8.08 | 3.43 | 0.358 | 9.52 |
| ジュラルミン | 7.15 | 2.67 | 0.335 | – |
| チタン | 11.57 | 4.38 | 0.321 | 10.77 |
| 鉄 (軟) | 21.14 | 8.16 | 0.293 | 16.98 |
| 鉄 (鋳) | 15.23 | 6.00 | 0.27 | 10.95 |
| 鉄 (鋼) | (20.1 ~ 21.6) | (7.8 ~ 8.4) | 0.28 ~ 0.30 | (16.5 ~ 17.0) |
| 銅 | 12.98 | 4.83 | 0.343 | 13.78 |
| ナイロン −6,6 | (0.12 ~ 0.29) | – | – | – |
| 鉛 | 1.61 | 0.559 | 0.44 | 4.58 |
| ニッケル (軟) | 19.95 | 7.60 | 0.312 | 17.73 |
| ニッケル (硬) | 21.92 | 8.39 | 0.306 | 18.76 |
| 白金 | 16.80 | 6.10 | 0.377 | 22.80 |
| ビスマス | 3.19 | 1.20 | 0.33 | 3.13 |
| マンガニン | 12.4 | 4.65 | 0.329 | 12.1 |
| 木材 (チーク) | 1.3 | – | – | – |
| 洋銀 | 13.25 | 4.97 | 0.333 | 13.20 |
| リン青銅 | 12.0 | 4.36 | 0.38 | – |
| ゴム (弾性ゴム) | $(1.5 \sim 5.0) \times 10^{-4}$ | $(5 \sim 15) \times 10^{-5}$ | 0.46 ~ 0.49 | – |

# 5.    水の粘性係数

単位は $10^{-3}$ kg/(m·s)

| 温度 [°C] | 粘性係数 $\eta$ | 温度 [°C] | 粘性係数 $\eta$ |
|---|---|---|---|
| 0 | 1.792 | 40 | 0.653 |
| 5 | 1.520 | 50 | 0.548 |
| 10 | 1.307 | 60 | 0.467 |
| 15 | 1.138 | 70 | 0.404 |
| 20 | 1.002 | 80 | 0.355 |
| 25 | 0.890 | 90 | 0.315 |
| 30 | 0.797 | 100 | 0.282 |

# 6.    飽和水蒸気圧

単位は Pa

| 温度 [°C] | 0 | 1 | 2 | 3 | 4 | 5 | 6 | 7 | 8 | 9 |
|---|---|---|---|---|---|---|---|---|---|---|
| 0 | 610.66 | 656.52 | 705.40 | 757.47 | 812.91 | 871.91 | 934.67 | 1001.4 | 1072.3 | 1147.5 |
| 10 | 1227.4 | 1312.1 | 1402.0 | 1497.2 | 1598.0 | 1704.8 | 1817.8 | 1937.3 | 2063.6 | 2197.1 |
| 20 | 2338.1 | 2486.9 | 2644.0 | 2809.6 | 2984.3 | 3168.3 | 3362.2 | 3566.3 | 3781.2 | 4007.2 |
| 30 | 4244.9 | 4494.7 | 4757.2 | 5033.0 | 5322.4 | 5626.2 | 5945.0 | 6279.2 | 6629.5 | 6996.7 |
| 40 | 7381.2 | 7783.9 | 8205.4 | 8646.4 | 9107.6 | 9589.9 | 10094 | 10621 | 11171 | 11745 |
| 50 | 12345 | 12971 | 13623 | 14304 | 15013 | 15753 | 16523 | 17325 | 18160 | 19030 |
| 60 | 19934 | 20875 | 21853 | 22870 | 23927 | 25025 | 26165 | 27350 | 28579 | 29855 |
| 70 | 31179 | 32552 | 33976 | 35452 | 36981 | 38566 | 40208 | 41909 | 43669 | 45491 |
| 80 | 47377 | 49328 | 51346 | 53432 | 55589 | 57819 | 60123 | 62503 | 64962 | 67500 |
| 90 | 70121 | 72826 | 75618 | 78498 | 81469 | 84533 | 87692 | 90948 | 94304 | 97762 |
| 100 | 101325 | | | | | | | | | |

# 7.　固体の線膨張率 (元素)

温度は特に示す以外は室温. 単位は $K^{-1}$.

| 物質 | 温度 [°C] | $\alpha$ | 物質 | 温度 [°C] | $\alpha$ |
|---|---|---|---|---|---|
| | | $\times 10^{-6}$ | | | $\times 10^{-6}$ |
| 亜鉛 (鋳) | – | 約 30 | タンタル | $0 \sim 400$ | 6.6 |
| アルミニウム | – | 23 | チタン | – | 約 9 |
| アルミニウム | $0 \sim 600$ | 29 | 鉄 (電解) | – | 11.7 |
| アンチモン | – | 11 | 鉄 (電解) | $0 \sim 700$ | 15 |
| イリジウム | – | 6.5 | 鉄 (鍛) | – | 12 |
| イリジウム | $0 \sim 1750$ | 9 | テルル | – | 16.8 |
| インジウム | $20 \sim 100$ | 30.5 | 銅 | – | 16.7 |
| オスミウム | | 4.7 | 銅 | $0 \sim 1000$ | 20 |
| カドミウム | – | 30 | トリウム | $20 \sim 100$ | 11.3 |
| カリウム | – | 85 | ナトリウム | $0 \sim 50$ | 70 |
| カルシウム | $0 \sim 300$ | 22 | 鉛 | – | 29 |
| 金 | – | 14 | 鉛 | $0 \sim 330$ | 33 |
| 金 | $0 \sim 500$ | 15 | ニッケル | – | 12.8 |
| 銀 | – | 19 | ニッケル | $0 \sim 1000$ | 18 |
| 銀 | $0 \sim 900$ | 20.5 | 白金 | – | 8.9 |
| クロム | – | 約 7 | 白金 | $-190 \sim +16$ | 8.0 |
| クロム | $0 \sim 900$ | 11 | 白金 | $0 \sim 1000$ | 10.2 |
| ケイ素 | $-172$ | $-0.4$ | パラジウム | – | 約 11 |
| ケイ素 | $-87$ | $+0.9$ | パラジウム | $0 \sim 1000$ | 14 |
| ケイ素 | $20 \sim 50$ | 2.4 | バナジウム | $0 \sim 40$ | 7.8 |
| ゲルマニウム | – | 6.0 | バリウム | $0 \sim 300$ | $18.1 \sim 21.0$ |
| コバルト | – | 約 12 | ビスマス | – | 13 |
| コバルト | $25 \sim 350$ | 約 14 | ベリリウム | $20 \sim 300$ | 14.0 |
| ジルコニウム | $20 \sim 200$ | 5.4 | ホウ素 | $20 \sim 750$ | 8.3 |
| スズ | – | 21 | マグネシウム | – | 25 |
| セレン (多結晶) | $-78 \sim +19$ | 20.3 | マグネシウム | $0 \sim 400$ | 30 |
| セレン (無定形) | $0 \sim 21$ | 48.7 | マンガン $\alpha$ | $0 \sim 20$ | 22.3 |
| 炭素 (ダイヤモンド) | $-180 \sim 0$ | 0.4 | マンガン $\beta$ | $0 \sim 20$ | $18.7 \sim 24.9$ |
| 炭素 (ダイヤモンド) | $0 \sim 78$ | 1.2 | マンガン $\gamma$ | $0 \sim 20$ | 14.8 |
| 炭素 (ダイヤモンド) | $0 \sim 750$ | 4.5 | モリブデン | $20 \sim 100$ | $3.7 \sim 5.3$ |
| 炭素 (石墨) | $20 \sim 10$ | $0.6 \sim 4.3$ | リチウム | $0 \sim 100$ | 56 |
| 炭素 (石墨) | $20 \sim 800$ | $1.8 \sim 5.3$ | ロジウム | – | 8.4 |
| タングステン | – | 4.5 | | | |
| タングステン | $600 \sim 1400$ | 6 | | | |
| タングステン | $1400 \sim 2200$ | 7 | | | |

# 8.　元素の比熱

温度の欄に範囲が記してあるものはその温度間の平均比熱を示す．単位は J/(g・K).

単位を cal/(g・K) に変更するには，数値を熱の仕事当量 4.186 J/cal で割ればよい．

| 元素 | 温度 [°C] | 比熱 | 元素 | 温度 [°C] | 比熱 |
|---|---|---|---|---|---|
| 亜鉛 | 0 | 0.383 | タンタル | 58 | 0.15 |
| アルミニウム | 0 | 0.877 | チタン | 0 ～ 100 | 0.472 |
| アルミニウム | 600 | 1.18 | 鉄 | 0 | 0.437 |
| アンチモン | 17 ～ 92 | 0.213 | 鉄 | 0 ～ 1100 | 0.640 |
| イオウ（斜方） | 17 ～ 45 | 0.682 | 鉄 | −133 | 0.322 |
| イオウ（液） | 119 ～ 147 | 0.983 | テルル | 15 ～ 100 | 0.20 |
| イリジウム | 18 ～ 100 | 0.135 | 銅 | 0 | 0.380 |
| ウラン | 0 | 0.12 | 銅 | 97.5 | 0.398 |
| 塩素（液） | 0 ～ 24 | 0.946 | 銅 | −250 | 0.015 |
| オスミウム | 19 ～ 98 | 0.13 | トリウム | 0 ～ 100 | 0.12 |
| カドミウム | 0 | 0.229 | ナトリウム（固） | 0 | 1.184 |
| カリウム（固） | −23 | 0.724 | ナトリウム（液） | 138 | 1.334 |
| カリウム（液） | 27 | 0.799 | 鉛 | 0 | 0.126 |
| カルシウム | 0 ～ 100 | 0.623 | 鉛 | −250 | 0.0598 |
| 金 | 18 ～ 99 | 0.127 | ニッケル | 0 | 0.444 |
| 銀 | 0 | 0.233 | ニッケル | 500 | 0.523 |
| クロム | −200 | 0.28 | 白金 | 18 ～ 100 | 0.136 |
| ケイ素 | 77 | 0.761 | パラジウム | 18 ～ 100 | 0.25 |
| コバルト | 15 ～ 100 | 0.431 | バリウム | −185 ～ +20 | 0.28 |
| 臭素（固） | −78 ～ −20 | 0.35 | ビスマス | 22 ～ 100 | 0.127 |
| 臭素（液） | 13 ～ 45 | 0.448 | ヒ素（結晶） | 21 ～ 68 | 0.35 |
| ジルコニウム | 0 ～ 100 | 0.28 | ベリリウム | 0 ～ 100 | 1.78 |
| 水銀（液） | 0 | 0.140 | ホウ素 | 0 ～ 100 | 1.28 |
| 水銀（液） | 100 | 0.137 | マグネシウム | 18 ～ 99 | 1.03 |
| スズ | 0 | 0.224 | マンガン | 14 ～ 97 | 0.510 |
| スズ（液） | 240 | 0.27 | モリブデン | 15 ～ 91 | 0.30 |
| セシウム | 0 ～ 26 | 0.20 | ヨワ素 | 9 ～ 98 | 0.23 |
| セレン（無定形） | 18 ～ 38 | 0.39 | リチウム | 0 ～ 19 | 3.50 |
| タングステン | −185 ～ +20 | 0.13 | リン（黄） | 13 ～ 36 | 0.845 |
| タングステン | 20 ～ 100 | 0.14 | リン（赤） | 15 ～ 98 | 0.71 |
| 炭素 (ダイヤモンド) | 22 | 0.510 | ロジウム | 10 ～ 97 | 0.24 |
| 炭素 (石墨) | 11 | 0.669 | | | |

# 9.　種々の物質の比熱

温度の欄に範囲が記してあるものはその温度間の平均比熱を示す．単位は J/(g·K).

単位を cal/(g·K) に変更するには，数値を熱の仕事当量 4.186 J/cal で割ればよい．

| 物質 | 温度 [°C] | 比熱 | 物質 | 温度 [°C] | 比熱 |
|---|---|---|---|---|---|
| 合　金 | | | 塩化カリウム | −250 | 0.0653 |
| 黄銅（真鍮） | | | | −187 | 0.490 |
| 　　20% Zn | 0 | 0.368 | | +277 | 0.741 |
| 　　40% Zn | 0 | 0.377 | 塩化ナトリウム | −248 | 0.0414 |
| コンスタンタン | 18 | 0.410 | | −38 | 0.825 |
| ステンレス鋼 | 50 〜 100 | 0.51 | | +10 | 0.88 |
| 炭素鋼 | 50 〜 100 | 0.48 | 紙 | 0 〜 100 | 1.17 〜 1.34 |
| はんだ | | 0.176 | 花崗岩 | 20 〜 100 | 0.80 〜 0.84 |
| 洋銀 | 0 〜 100 | 0.398 | ガラス（クラウン） | 10 〜 50 | 0.67 |
| 液　体 | | | 　　　（フリント） | 10 〜 50 | 0.50 |
| アニリン | 15 | 2.15 | 　　　（パイレックス） | 26 | 0.78 |
| あまに油 | 20 | 1.84 | 玄武岩 | 20 〜 100 | 0.84 〜 1.00 |
| エチルアルコール | 0 | 2.29 | 氷 | −250 | 0.15 |
| オリーブ油 | 7 | 1.97 | | −160 | 1.0 |
| 海水 | 17 | 3.93 | | −26 〜 −1 | 2.0 〜 2.1 |
| クリセリン | 50 | 2.43 | ゴム | 15 〜 100 | 1.13 〜 2.01 |
| 鯨油 | 20 | 2.06 | コンクリート | 室温 | 約 0.84 |
| ジエチルエーテル | 18 | 2.34 | 磁器 | 15 〜 1000 | 1.07 |
| テルペン油 | 18 | 1.76 | | 15 〜 200 | 0.75 |
| トルエン | 18 | 1.67 | 水晶 | 0 | 0.73 |
| 菜種油 | 20 | 2.04 | | 350 | 1.17 |
| パラフィン油 | 20 〜 60 | 2.13 〜 2.26 | 砂 | 20 〜 100 | 0.80 |
| ひまし油 | 20 | 2.13 | 石英ガラス | 15 〜 200 | 0.84 |
| ベンゼン | 10 | 1.42 | | 15 〜 800 | 1.04 |
| | 40 | 1.77 | 大理石 | 18 | 0.88 〜 0.92 |
| ペンチルアルコール | 18 | 2.30 | パラフィンろう | 0 〜 20 | 2.9 |
| メルアルコール | 12 | 2.52 | ホタル石 | 30 | 0.88 |
| 固　体 | | | ポリエチレン | 20 | 2.23 |
| 石綿 | 20 〜 100 | 0.84 | ポリスチレン | 20 | 1.34 |
| エボナイト | 20 〜 100 | 1.38 | ポリメタクリル酸メチル | 20 | 1.47 |
| | | | 木材 | 20 | 約 1.25 |

# 10.　水の比熱

定圧比熱．単位は $J/(g \cdot K)$

| 温度 [°C] | 0 | 10 | 20 | 30 | 40 | 50 | 60 | 70 | 80 | 90 |
|---|---|---|---|---|---|---|---|---|---|---|
| 0 | 4.217 | 4.192 | 4.182 | 4.178 | 4.178 | 4.180 | 4.184 | 4.189 | 4.196 | 4.205 |
| 1 | 4.214 | 4.190 | 4.181 | 4.178 | 4.178 | 4.181 | 4.185 | 4.190 | 4.197 | 4.206 |
| 2 | 4.210 | 4.189 | 4.181 | 4.178 | 4.179 | 4.181 | 4.185 | 4.191 | 4.198 | 4.207 |
| 3 | 4.207 | 4.188 | 4.180 | 4.178 | 4.179 | 4.181 | 4.186 | 4.191 | 4.199 | 4.208 |
| 4 | 4.205 | 4.187 | 4.180 | 4.178 | 4.179 | 4.182 | 4.186 | 4.192 | 4.199 | 4.209 |
| 5 | 4.202 | 4.186 | 4.179 | 4.178 | 4.179 | 4.182 | 4.187 | 4.193 | 4.200 | 4.210 |
| 6 | 4.200 | 4.185 | 4.179 | 4.178 | 4.179 | 4.183 | 4.187 | 4.193 | 4.201 | 4.211 |
| 7 | 4.197 | 4.184 | 4.179 | 4.178 | 4.180 | 4.183 | 4.188 | 4.194 | 4.202 | 4.212 |
| 8 | 4.195 | 4.183 | 4.179 | 4.178 | 4.180 | 4.183 | 4.188 | 4.195 | 4.203 | 4.213 |
| 9 | 4.194 | 4.182 | 4.178 | 4.178 | 4.180 | 4.184 | 4.189 | 4.195 | 4.204 | 4.215 |

# 11.　音波の伝播速度

| 物質 | 密度 (0°C, 1 atm) [kg/m³] | 音速 (0°C, 1 atm) [m/s] | 音速の温度係数 (0°C) [m/(s·°C)] |
|---|---|---|---|
| アンモニア | 0.7710 | 415.00 | 0.73 |
| アルゴン | 1.7837 | 319.00 | — |
| 一酸化炭素 | 1.2504 | 337.00 | 0.604 |
| 一酸化二窒素 | 1.3402 | 325.00 | — |
| エタン | 1.3566 | 308 (10°C) | — |
| エチレン | 1.2604 | 314.00 | 0.56 |
| 塩素 | 3.2140 | 205.30 | — |
| 空気 (乾燥) | 1.2929 | 331.45 | 0.607 |
| 酸化窒素 | 1.9778 | 258.00 | — |
| 酸素 | 1.4290 | 317.20 | 0.57 |
| 水蒸気 (100°C) | 0.5980 | 473.00 | — |
| 水素 | 0.0899 | 1269.50 | 2 |
| 重水素 | 0.1784 | 890.00 | 1.58 |
| 窒素 | 1.2506 | 337.00 | 0.85 |
| 二酸化硫黄 | 2.9269 | 211.00 | — |
| 二酸化炭素 | 1.9769 | 258(低周波) | 0.87 |
| ネオン | 0.9004 | 435.00 | 0.78 |
| ヘリウム | 0.1785 | 970.00 | 1.55 |
| メタン | 0.7168 | 430.00 | 0.62 |
| 硫化水素 | 1.5390 | 289.00 | — |

# 12.  種々の物質の屈折率

つぎの諸表はナトリウム D 線 (589.3 nm) に対する屈折率を示し，固体，液体については空気に対する値，気体については真空に対する値である．

固体 (温度 18°C)

| 物質 | 屈折率 | 物質 | 屈折率 |
|---|---|---|---|
| 方解石　常光線 | 1.6584 | 水晶　常光線 | 1.5443 |
| 　　　　異常光線 | 1.4864 | 　　　異常光線 | 1.5534 |
| ほたる石 | 1.4339 | 岩塩 | 1.5443 |
| 軽クラウンガラス | 1.5127 | 軽フリントガラス | 1.6038 |
| 重クラウンガラス | 1.6126 | 重フリントガラス | 1.7434 |

気体および液体

| 物質 | 屈折率 | 物質 | 屈折率 |
|---|---|---|---|
| 気体 (0°C, 1 気圧換算) | | ヘリウム | 1.000035 |
| アルゴン | 1.000284 | ベンゼン | 1.001762 |
| 硫黄 | 1.001111 | 液体 (20°C) | |
| 一酸化炭素 | 1.000334 | アニリン | 1.586 |
| 塩素 | 1.000768 | エチルアルコール | 1.3618 |
| カドミウム | 1.002675 | グリセリン | 1.4730 |
| 空気 | 1.000292 | ジエチルエーテル | 1.3538 |
| クロロホルム | 1.001455 | 四塩化炭素 | 1.4607 |
| 酸素 | 1.000272 | ジヨードメタン | 1.737 |
| 臭素 | 1.001125 | セダ油 | 1.516 |
| 水銀 | 1.000933 | パラフィン油 | 1.48 |
| 水蒸気 | 1.000252 | $\alpha$-ブロモナフタレン | 1.660 |
| 水素 | 1.000138 | ベンゼン | 1.5012 |
| 窒素 | 1.000297 | 水 | 1.3330 |
| 二酸化炭素 | 1.000450 | メチルアルコール | 1.3290 |
| ネオン | 1.000067 | | |

# 13. 金属の比抵抗

次表は金属の比抵抗 $\rho$ [$\Omega \cdot$ m] と 0°C, 100°C 間の平均温度係数 $\alpha_{0,100}$ を示す. 0°C におけ る比抵抗を $\rho_0$, 100°C におけるそれを $\rho_{100}$ とすると $\alpha_{0,100} = (\rho_{100} - \rho_0)/100\rho_0$ である.

温度の − 印は室温.

| 金属 | 温度 [°C] | $\rho$ $\times 10^{-8}$ | $\alpha_{0,100}$ $\times 10^{-3}$ | 金属 | 温度 [°C] | $\rho$ $\times 10^{-8}$ | $\alpha_{0,100}$ $\times 10^{-3}$ |
|---|---|---|---|---|---|---|---|
| 亜鉛 | 20 | 5.9 | 4.2 | ジュラルミン (軟) | − | 3.4 | |
| アルミニウム (軟) | 20 | 2.75 | 4.2 | 鉄 (純) | 20 | 9.8 | 6.6 |
| アルミニウム (軟) | −78 | 1.64 | | 鉄 (純) | −78 | 4.9 | |
| アルメル | 20 | 33 | 1.2 | 鉄 (鋼) | − | 10〜20 | 1.5〜5 |
| アンチモン | 0 | 38.7 | 5.4 | 鉄 (鋳) | − | 57〜114 | |
| イリジウム | 20 | 6.5 | 3.9 | 銅 (軟) | 20 | 1.72 | 4.3 |
| インジウム | 0 | 8.2 | 5.1 | 銅 (軟) | 100 | 2.28 | |
| インバール | 0 | 75 | 2 | 銅 (軟) | −78 | 1.03 | |
| オスミウム | 20 | 9.5 | 4.2 | 銅 (軟) | −183 | 0.30 | |
| カドミウム | 20 | 7.4 | 4.2 | トリウム | 20 | 18 | 2.4 |
| カリウム | 20 | 6.9 | 5.1[1] | ナトリウム | 20 | 4.6 | 5.5[1] |
| カルシウム | 20 | 4.6 | 3.3 | 鉛 | 20 | 21 | 4.2 |
| 金 | 20 | 2.4 | 4.0 | ニクロム (鉄を含まない) | 20 | 109 | 0.10 |
| 銀 | 20 | 1.62 | 4.1 | ニクロム (鉄を含む) | 20 | 95〜104 | 0.3〜0.5 |
| クロム (軟) | 20 | 17 | | ニッケリン | − | 27〜45 | 0.2〜0.34 |
| クロメル | − | 70〜110 | 0.11〜0.54 | ニッケル (軟) | 20 | 7.24 | 6.7 |
| コバルト | 0 | 6.37 | 6.58 | ニッケル (軟) | −78 | 3.9 | |
| コンスタンタン | − | 50 | −0.04〜+0.01 | 白金 | 20 | 10.6 | 3.9 |
| ジルコニウム | 30 | 49 | 4.0 | 白金 | 1000 | 43 | |
| 黄銅 (真鍮) | − | 5〜7 | 1.4〜2 | 白金 | −78 | 6.7 | |
| 水銀 | 0 | 94.08 | 0.99 | 白金ロジウム[2] | 20 | 22 | 1.4 |
| 水銀 | 20 | 95.8 | | パラジウム | 20 | 10.8 | 3.7 |
| スズ | 20 | 11.4 | 4.5 | ヒ素 | 20 | 35 | 3.9 |
| ストロンチウム | 0 | 30.3 | 3.5 | プラチノイド | − | 34〜41 | 0.25〜0.32 |
| 青銅 | − | 13〜18 | 0.5 | ベリリウム (軟) | 20 | 6.4 | |
| セシウム | 20 | 21 | 4.8 | マグネシウム | 20 | 4.5 | 4.0 |
| ビスマス | 20 | 120 | 4.5 | マンガニン | 20 | 42〜48 | −0.03〜+0.02 |
| タリウム | 20 | 19 | 5 | モリブデン | 20 | 5.6 | 4.4 |
| タングステン | 20 | 5.5 | 5.3 | 洋銀 | − | 17〜41 | 0.4〜0.38 |
| タングステン | 1000 | 35 | | リチウム | 20 | 9.4 | 4.6 |
| タングステン | 3000 | 123 | | リン青銅 | − | 2〜6 | |
| タングステン | −78 | 3.2 | . | ルビジウム | 20 | 12.5 | 5.5 |
| タンタル | 20 | 15 | 3.5 | ロジウム | 20 | 5.1 | 4.4 |

1) 0℃と融点との間の平均温度係数
2) 白金 90, ロジウム 10 のもの

## 編 著 者 （五十音順）

上坂 優一（うえさか ゆういち）　九州産業大学　理工学部
榎谷 玲依（えのきや れい）　九州産業大学　理工学部
鴈野 重之（かりの しげゆき）　九州産業大学　理工学部
中村 賢仁（なかむら けんじ）　九州産業大学　理工学部

## 物理実験（ぶつり じっけん）

2013 年 3 月 30 日　第 1 版　第 1 刷　発行
2014 年 3 月 30 日　第 1 版　第 2 刷　発行
2016 年 3 月 30 日　第 2 版　第 1 刷　発行
2020 年 3 月 30 日　第 3 版　第 1 刷　発行
2024 年 3 月 20 日　第 4 版　第 1 刷　印刷
2024 年 3 月 30 日　第 4 版　第 1 刷　発行

編　者　九州産業大学
　　　　物理実験テキスト編集委員会
発 行 者　発 田 和 子
発 行 所　株式会社 学術図書出版社
〒113-0033　東京都文京区本郷 5 丁目 4 の 6
TEL 03-3811-0889　振替 00110-4-28454
印刷　三和印刷 (株)

定価は表紙に表示してあります.